きほんの
ドリル
→1.

| かずと す
5までの かず

.....(1)

/100

がつ　にち

サクッと
こたえ
あわせ

こたえ 81 ページ

\ もんだいを きちんと よもう! /

1 えの かずと おなじ かずの ● を ── で
むすびましょう。　📖教すたあと10〜11ページ　　30てん(1つ10)

[4と 5の かきかたに きを つけましょう。]

2 🍬の かずを かきましょう。　📖教すたあと12ページ

70てん(□1つ5)

🍬	🍬🍬	🍬🍬🍬	🍬🍬🍬🍬	🍬🍬🍬🍬🍬
1	2	3	④4↓②	②→①↓5
1	2	3	4	5

きょうかしょ📖 すたあと10〜12ページ

1

きほんの
ドリル
→2。

じかん 15ふん ｜ ごうかく 80てん ／100 ｜ がつ にち

サクッと
こたえ
あわせ
こたえ 81ページ

1 かずと すうじ
5までの かず　　　……(2)

\ もんだいを きちんと よもう！ /

えと おなじ かずに なるように、○に いろを
ぬり、□に その かずを かきましょう。

📖教すたあと12〜13ページ　64てん(いろぬり1つ8・□1つ8)

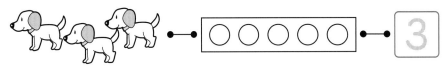

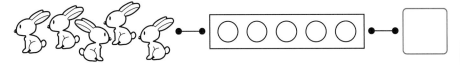

ぬったら、
こえに だして
かぞえてみよう。

えの かずを すうじで かきましょう。　📖教すたあと12〜13ページ

36てん(1つ9)

①

②

③

④

きょうかしょ📖 すたあと12〜13ページ

じかん **15**ふん ｜ ごうかく **80**てん ／**100**

サクッと
こたえ
あわせ

こたえ **81** ページ

1　かずと　すうじ
10までの　かず

……（1）

\ もんだいを きちんと よもう！ /

1 えの　かずと　おなじ　かずの　●を　──で
むすびましょう。

📖教 すたあと14〜15ページ

30てん（1つ10）

[10は　2つの　すうじで　できて　います。]

2 ✏ の　かずを　かきましょう。

📖教 すたあと16ページ

70てん（□1つ5）

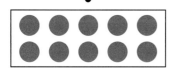

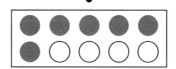

6	① ②7	8	9	① ②10
6	7	8	9	10

サクッと
こたえ
あわせ

こたえ **81** ページ

1 かずと すうじ
10までの かず …………(2)

\ もんだいを きちんと よもう！/

[えに ゆびを あてて、こえを だして かぞえて みましょう。]

1 えと おなじ かずに なるように、○に いろを
ぬり、□に その かずを かきましょう。

📖教すたあと17〜18ページ　　60てん（いろぬり1つ10・□1つ10）

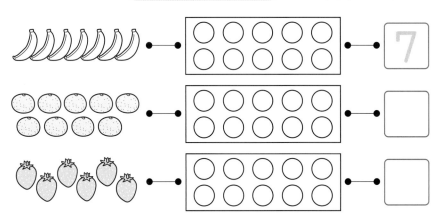

2 かずを かぞえて すうじを かきましょう。

📖教すたあと17〜18ページ　　40てん（1つ10）

①

②

③

④

きょうかしょ📖 すたあと17〜18ページ

じかん **15**ふん ｜ ごうかく **80**てん ／**100**

サクッと
こたえ
あわせ

こたえ **82**ページ

2 なんばんめ ……（1）

\ もんだいを きちんと よもう！ /

[どちらが まえに なるのかに きを つけましょう。]

❶ えを みて こたえましょう。 📖教すたあと22〜23ページ 60てん（1つ20）

① たぬきは まえから ☐ ばんめです。

② いぬは まえから ☐ ばんめです。

③ ぱんだは うしろから ☐ ばんめです。

「まえから ○ばんめ」
「うしろから ○ばんめ」
と いう いいかたを
れんしゅうしましょう。

❷ えを みて こたえましょう。 📖教すたあと22〜23ページ 30てん（1つ10）

① ふくろうは うえから ☐ ばんめです。

② すずめは うえから ☐ ばんめです。

③ にわとりは したから ☐ ばんめです。

はと
ふくろう
にわとり
すずめ
からす

❸  は みぎから なんばんめですか。 📖教すたあと22〜23ページ

10てん

ひだり

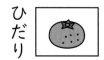

みぎ

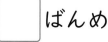 ☐ ばんめ

きょうかしょ📖 すたあと20〜23ページ

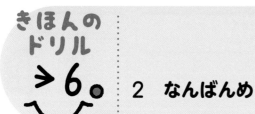

2 なんばんめ ……(2)

こたえ 82ページ

\ もんだいを きちんと よもう！/

❶ こどもが 8にん ならんで います。
えを みて こたえましょう。 📖教すたあと22〜23ページ 40てん（1つ20）

まえ　はるか　けんた　たかし　まりな　ゆうこ　こうじ　あすか　ひろし　うしろ

① まりなさんは まえから なんばんめですか。

☐ ばんめ

② たかしさんは うしろから なんばんめですか。

☐ ばんめ

[「〇つ」は あつまりの かず、「〇ばんめ」は じゅんばんです。]

❷ いろを ぬりましょう。 📖教すたあと24ページ 60てん（1つ20）

① まえから 4 だい

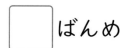

② ひだりから 5 こめ

③ うしろから 6 ぴきめ

きょうかしょ📖 すたあと22〜24ページ

サクッと
こたえ
あわせ

こたえ **82**ページ

3 いくつと いくつ ……（1）

\ もんだいを きちんと よもう！ /

[いろいろな かずが いくつと いくつで できて いるかを かんがえま]
[しょう。]

❶ 6は いくつと いくつですか。 📖教すたあと28〜29ページ

おはじき

50てん（1つ10）

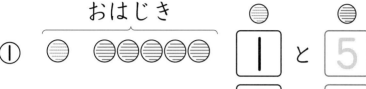

おはじきを
つかって
かんがえて
みよう。

❷ 7に なるように ── で むすびましょう。

📖教すたあと30〜31ページ 30てん（1つ5）

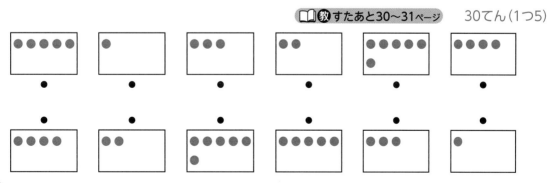

❸ 8に なるように □に かずを かきましょう。

📖教すたあと32〜33ページ 20てん（1つ5）

① **3**と □　② **6**と □　③ **1**と □　④ **4**と □

きょうかしょ📖 すたあと26〜33ページ

3　いくつと　いくつ　　　……(2)

\ もんだいを きちんと よもう！ /

❶ 9に　なるように　◯に　いろを　ぬりましょう。

📖教 すたあと34〜35ページ　　40てん（1つ10）

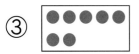

❷ 10は　いくつと　いくつですか。　📖教 すたあと36〜37ページ

30てん（1つ10）

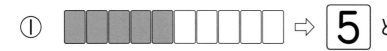 ⇨ [5] と [　]

 ⇨ [　] と [3]

10は、
いくつと
いくつに
わかれるか
かんがえて
みよう。

 ⇨ [9] と [　]

❸ 10に　なるように　□に　かずを　かきましょう。

📖教 すたあと38ページ　　30てん（1つ6）

① [2] と [　]　　　② [　] と [6]

③ [　] と [5]　　　④ [3] と [　]

⑤ [1] と [　]

3 いくつと いくつ
れい
0と いう かず

……(3)

こたえ **82**ページ

\ もんだいを きちんと よもう！ /

[ひとつも ない ことを 「れい」と いい、「0」と かきます。]

1 0を かきましょう。 📖教すたあと39ページ　　40てん（1つ10）

0は、
ひだりまわりに
かきます。

2 けえきの かずを かきましょう。 📖教すたあと39ページ 20てん（1つ10）

①

 こ

②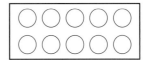

 こ

けえきは ひとつも
ないよ。

3 かごの なかに いくつ ありますか。 📖教すたあと39ページ

40てん（1つ20）

①

 こ

②

 こ

きほんの ドリル 10。

4 いろいろな かたち
にて いる かたち

こたえ 83ページ

\もんだいを きちんと よもう!/

❶ おなじ かたちの なかまを ── で むすびましょう。

📖教 すたあと44〜45ページ　　40てん(1つ10)

❷ どのように むきを かえても、つみやすい
つみきを 2つ えらんで ○を つけましょう。

📖教すたあと44〜45ページ　　30てん(1つ15)

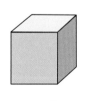　　　　　　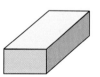

（　　　）　　　（　　　）　　　（　　　）

❸ ころがる かたちを 2つ えらんで ○を つけま
しょう。　📖教すたあと44〜45ページ　　30てん(1つ15)

（　　　）　　　（　　　）　　　（　　　）

サクッと
こたえ
あわせ
こたえ 83ページ

4 いろいろな かたち
かたちを うつして

\もんだいを きちんと よもう!/

1 つみきの かたちを うつすと どんな えが
かけますか。——で むすびましょう。

教すたあと46〜47ページ　40てん(1つ10)

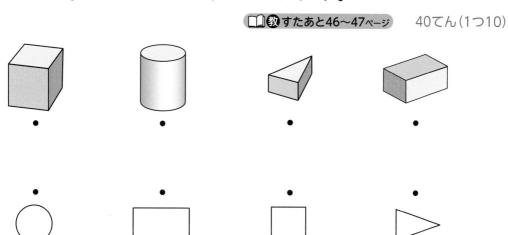

2 かたちを うつして えを かきました。うつした
かたちは どれでしょう。——で むすびましょう。

教すたあと46〜47ページ　60てん(1つ15)

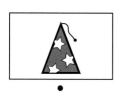　　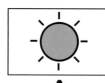　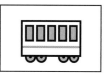

じかん 15ふん ｜ ごうかく 80てん ／100

がつ　にち

サクッと
こたえ
あわせ
こたえ 83ページ

⑤　ふえたり　へったり

\もんだいを きちんと よもう!/

❶　ねこが　4ひき　いました。3びき　ふえて、
さいごに　2ひき　へりました。ねこは　なんびき
のこって　いますか。ねこの　かずを、○に　いろを
ぬりながら　しらべましょう。　📖教2～3ページ

60てん(いろぬり1つ10・□1つ10)

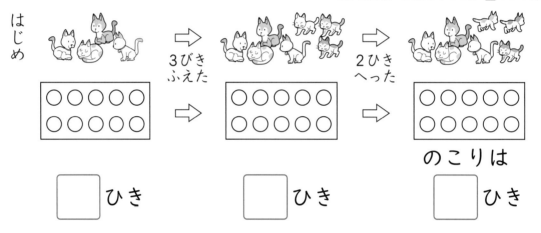

のこりは

□ひき　　□ひき　　□ひき

❷　おはじきが　10こ　ありました。5こ　とって、
3こ　たし、さいごに　4こ　とりました。おはじきは
なんこ　のこって　いますか。　📖教2～3ページ　40てん(□1つ10)

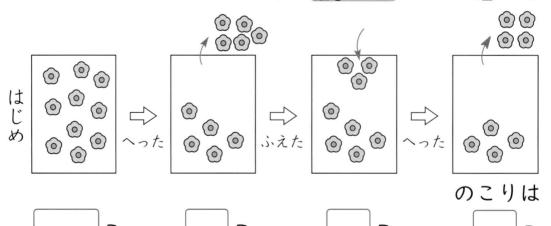

のこりは

□こ　　□こ　　□こ　　□こ

きょうかしょ📖 2～3ページ

じかん **15**ふん ｜ ごうかく **80**てん ／**100** ｜ がつ にち

サクッと こたえ あわせ

こたえ **83** ページ

⑥ たしざん（１）
あわせて いくつ

\ もんだいを きちんと よもう！ /

❶ あわせて なんこですか。 📖教4〜5ページ　　20てん（1つ10）

① 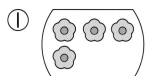　　あわせて [7] こ

② 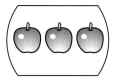　　あわせて [　] こ

［あわせて いくつと いう ときは、たしざんの しきに かきます。］

❷ あわせて なんこですか。 □に あてはまる かず
を かきましょう。 📖教6ページ❶　　30てん（しき20・こたえ10）

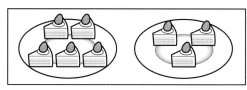 ⇒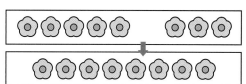

しき [5] ＋ [　] ＝ [　]　　こたえ [　] こ

❸ ぜんぶで いくつですか。 📖教7ページ❷、❸　　50てん（しき15・こたえ10）

① 　しき [　] ＋2＝6

こたえ [　] だい

② 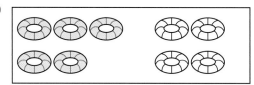　しき 5＋ [　] ＝ [　]

こたえ [　] こ

⏱ じかん 15ふん | ごうかく 80てん | /100

がつ　にち

サクッと
こたえ
あわせ
こたえ 83ページ

⑥ たしざん(1)
ふえると いくつ

\ もんだいを きちんと よもう！/

[ふえると いくつと いう ときは、たしざんの しきに かきます。]

❶ 5ひき ふえると、なんびきに なりますか。
しきと こたえを かきましょう。 📖教9ページ❶

10てん(しき5・こたえ5)

3びき

しき ③ + □ = □

こたえ □ ひき

❷ 4ほん いれると、なんぼんに なりますか。

📖教9ページ❷ 10てん(しき5・こたえ5)

5ほん

しき ⑤ + □ = □

こたえ □ ほん

❸ たしざんを しましょう。 📖教9ページ❸ 80てん(1つ10)

① 2+3= 5 ② 5+2= □

③ 3+6= □ ④ 1+4= □

⑤ 2+8= □ ⑥ 3+5= □

⑦ 1+7= □ ⑧ 4+6= □

きょうかしょ📖 8〜9ページ

じかん 15ふん｜ごうかく 80てん｜/100｜がつ　にち

サクッと
こたえ
あわせ

こたえ 83ページ

⑥ たしざん(1)
たしざんの もんだい

\ もんだいを きちんと よもう! /

1 おおきい ばけつが 3こと ちいさい ばけつが 4こ あります。ばけつは ぜんぶで なんこ ありますか。　教10ページ**1**

30てん(しき20・こたえ10)

しき ▢ = ▢

こたえ ▢ こ

2 4にんの こどもが いました。6にん くると ぜんぶで なんにんに なりますか。　教10ページ**2**

30てん(しき20・こたえ10)

しき ▢ = ▢

こたえ ▢ にん

3 ねこが 4ひき います。2ひき くると ぜんぶで なんひきに なりますか。　教10ページ**2**

40てん(しき30・こたえ10)

しき ▢ = ▢

こたえ ▢ ひき

⑥ **たしざん(1)**
たしざんの かあど

じかん 15ふん ｜ ごうかく 80てん ／100 ｜ がつ にち

サクッとこたえあわせ
こたえ 84ページ

\ もんだいを きちんと よもう！ /

[かあどの うらは、おもての かあどの たしざんの こたえです。]

❶ かあどの こたえを、したの かあどから みつけて
── で むすびましょう。　📖教11ページ　　30てん(1つ5)

| 7+2 | 3+3 | 3+7 | 2+6 | 4+3 | 1+4 |

| 6 | 9 | 5 | 10 | 8 | 7 |

❷ たしざんの かあどの こたえを かきましょう。　📖教11ページ

10てん(1つ5)

① 1+3　　　　　　　② 5+5

（　　　）　　　　　　（　　　）

❸ こたえが おなじに なる かあどを ── で
むすびましょう。　📖教11ページ　　60てん(1つ10)

| 8+1 | 1+6 | 3+2 | 8+2 | 5+3 | 4+2 |

| 4+1 | 6+4 | 5+4 | 2+5 | 1+5 | 7+1 |

かあどの うえに こたえを
かいて みよう。

きょうかしょ📖 11ページ

⑥ たしざん（1）

じかん 15ふん ｜ ごうかく 80てん ／100
がつ　にち

サクッと
こたえ
あわせ
こたえ 84ページ

1 もんだいを　よんで　こたえましょう。　　40てん（しき15・こたえ5）

① あかい　あさがおが　7こ、あおい　あさがおが
2こ　さきました。ぜんぶで　なんこ　さきましたか。

しき ［　　　　　　　　］　　　こたえ ［　］こ

② くるまが　3だい　あります。5だい　ふえると、
なんだいに　なりますか。

しき ［　　　　　　　　］　　　こたえ ［　］だい

2 こたえが　10に　なる　かあどは　どれでしょう。
3つ　えらんで　○を　つけましょう。　　30てん（1つ10）

| 7+3 | 2+5 | 8+2 | 8+1 | 4+6 |

（　　）（　　）（　　）（　　）（　　）

3 たしざんを　しましょう。　　30てん（1つ5）

① 2+4　　　　② 4+5

③ 7+1　　　　④ 3+3

⑤ 6+3　　　　⑥ 1+9

じかん **15**ふん ｜ ごうかく **80**てん ｜ ／**100**

がつ　にち

サクッと
こたえ
あわせ

こたえ **84**ページ

⑦ **ひきざん（1）**

のこりは　いくつ　　　　　……（1）

\ もんだいを きちんと よもう！ /

[のこりは　いくつと　いう　ときは、ひきざんの　しきに　かきます。]

❶ 4こ　たべると、なんこ　のこりますか。

📖教14〜15ページ、16ページ❶　　25てん（しき15・こたえ10）

6こ

しき ｜ 6 ｜ − ｜ ｜ = ｜ ｜　　　こたえ ｜ ｜ こ

❷ 5わ　とんで　いくと、のこりは　なんわに

なりますか。📖教17ページ❷　　25てん（しき15・こたえ10）

9わ

しき ｜ 9 ｜ − ｜ ｜ = ｜ ｜　　　こたえ ｜ ｜ わ

❸ のこりは　いくつですか。📖教17ページ❸　　50てん（しき15・こたえ10）

① 3だい　でて　いくと、

7だい

⇨ しき ｜ ｜ = ｜ ｜

こたえ ｜ ｜ だい

② 6こ　たべると、

9こ

⇨ しき ｜ ｜ = ｜ ｜

こたえ ｜ ｜ こ

きょうかしょ📖 **14〜17ページ**

じかん 15ふん｜ごうかく 80てん ／100｜がつ にち

 サクッと こたえ あわせ｜こたえ 84ページ

⑦ **ひきざん(1)**
のこりは　いくつ　　　……(2)

\ もんだいを きちんと よもう！ /

❶ らいおんが　8とう　います。めすは　3とうです。
おすは　なんとうですか。　📖教18ページ❹、❺

10てん(しき5・こたえ5)

しき [　　　　　] = [　]

めすの　かずを
ぜんぶの
かずから　ひけば
いいですね。

こたえ [　]とう

❷ トランプが　10まい　あります。うらむきは
6まいです。おもてむきは　なんまいですか。

📖教18ページ❹、❺　10てん(しき5・こたえ5)

しき [　　　　　] = [　]　　こたえ [　]まい

❸ ひきざんを　しましょう。　📖教18ページ❻　80てん(1つ10)

① 9-2= [7]　　② 8-4= [　]

③ 6-1= [　]　　④ 7-3= [　]

⑤ 8-6= [　]　　⑥ 10-2= [　]

⑦ 10-7= [　]　　⑧ 10-5= [　]

⏱ **じかん 15ふん** | **ごうかく 80てん** /100 | がつ にち

サクッと こたえ あわせ

こたえ 84ページ

⑦ **ひきざん(1)**
ひきざんの かあど

\ もんだいを きちんと よもう! /

❶ こたえが 2に なる かあどを 3つ
えらびましょう。 📖教19ページ

30てん(1つ10)

あ 7−4　　い 8−6　　う 4−2　　え 8−3

お 9−7　　か 5−4　　き 6−1　　く 10−9

(　) (　) (　)

[かあどの うらは、おもての かあどの ひきざんの こたえです。]

❷ かあどの こたえを、したの かあどから みつけて
―― で むすびましょう。 📖教19ページ

40てん(1つ10)

5−1　　7−5　　10−3　　8−5

・　　　・　　　　・　　　　・

・　　　・　　　　・　　　　・

7　　　3　　　　4　　　　2

❸ こたえが おなじ かあどを ―― で むすび、□
にこたえを かきましょう。 📖教19ページ

こたえ

30てん(せんむすび1つ5・□1つ5)

10−6 ・　・ 9−3 → □

7−1 ・　・ 5−2 → □

8−5 ・　・ 7−3 → □

ひきざん かあどで
なんかいも
れんしゅうして
みよう。

きょうかしょ📖 19ページ

じかん 15ふん ／ ごうかく 80てん ／100
がつ にち

サクッと
こたえ
あわせ
こたえ 85ページ

⑦ ひきざん(1)
ちがいは いくつ　　　　……(1)

\ もんだいを きちんと よもう！ /
[ひきざんで かずの ちがいが わかります。]

1 りんごの ほうが なんこ おおいですか。

📖教20ページ、21ページ**1**、**2**　20てん（しき15・こたえ5）

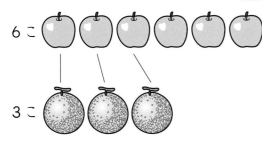

6こ

3こ

しき

りんごの かず　めろんの かず

$6 - \boxed{} = \boxed{}$

こたえ $\boxed{}$ こ

2 えんぴつの ほうが なんぼん おおいですか。

📖教20ページ、21ページ**1**、**2**　20てん（しき15・こたえ5）

7ほん

5ほん

しき $\boxed{} = \boxed{}$

こたえ $\boxed{}$ ほん

3 ひきざんを しましょう。　📖教21ページ　　60てん（1つ10）

① 7−3　　　　　② 4−2

③ 9−5　　　　　④ 6−5

⑤ 10−7　　　　⑥ 8−2

きょうかしょ📖 20〜21ページ

⑦　ひきざん(1)
ちがいは　いくつ　　　　　　……(2)

こたえ 85ページ

\もんだいを きちんと よもう！/

[「ちがいは　いくつ」も　ひきざんに　なります。]

1 あかい　ぼうしが　7こ、しろい　ぼうしが　4こ
あります。ちがいは　いくつですか。

教22ページ3

25てん(しき15・こたえ10)

7こ

4こ

しき □ = □

こたえ □ こ

2 さっかあぼうると　やきゅうの　ぼうるの　かずの
ちがいは　いくつですか。

教22ページ3　25てん(しき15・こたえ10)

しき □ = □

こたえ □ こ

3 かずの　ちがいは　いくつですか。

教22ページ4

50てん(しき15・こたえ10)

① 6ぽん

3ぽん

しき □ = □

こたえ □ ぼん

② 10こ

5こ

しき □ = □

こたえ □ こ

きょうかしょ 22ページ

じかん 15ふん ｜ ごうかく 80てん ／100

サクッと
こたえ
あわせ
こたえ 85 ページ

⑦ **ひきざん(1)**
ひきざんの　もんだい／おはなしづくり

\ もんだいを きちんと よもう！ /

① ももが　9こ　あります。
4こ　たべると、のこりは　なんこに　なりますか。

📖教23ページ❶　30てん(しき20・こたえ10)

しき [＿＿＿＿＿] ＝ [＿＿]

こたえ [＿＿] こ

② うきわが　7こ　あります。ぼうるは　5こ
あります。うきわの　ほうが　なんこ　おおいですか。

📖教23ページ❷　30てん(しき20・こたえ10)

しき [＿＿＿＿＿] ＝ [＿＿]

こたえ [＿＿] こ

③ したの　えを　みて、7−3＝4の　しきに　なる
おはなしを　かきましょう。 📖教25ページ❶　40てん

さかなが　7ひき
かにが　3びき
いるよ。

[＿＿＿＿＿＿＿＿＿＿＿＿＿＿＿＿＿＿＿＿＿＿＿＿]

⑦ ひきざん(1)

じかん 15ふん
ごうかく 80てん /100
がつ　にち

サクッと
こたえ
あわせ
こたえ 85ページ

1 もんだいを よんで こたえましょう。　　40てん(しき15・こたえ5)

① いろがみが 8まい あります。5まい つかうと、
なんまい のこりますか。

しき ☐　　　こたえ ☐ まい

② はとが 5わ います。からすは 3わ います。
はとの ほうが なんわ おおいですか。

しき ☐　　　こたえ ☐ わ

2 こたえが 6に なる かあどを 3つ
えらびましょう。　　30てん(1つ10)

ⓐ 4−3　　ⓘ 6−5　　ⓤ 10−4

ⓔ 8−2　　ⓞ 5−1　　ⓚ 7−1

( ) ( ) ( )

3 ひきざんを しましょう。　　30てん(1つ5)

① 6−1　　　② 8−7

③ 7−4　　　④ 5−3

⑤ 9−6　　　⑥ 10−2

きょうかしょ 14〜25ページ

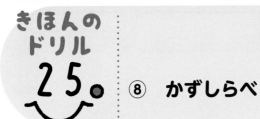

じかん 15ふん ｜ ごうかく 80てん ／100 ｜ がつ　にち

サクッと
こたえ
あわせ
こたえ 85ページ

＼ もんだいを きちんと よもう！／

❶ くだものの えの かずを しらべましょう。 📖教27ページ❶

100てん（いろぬり1れつ10・（　）1つ20）

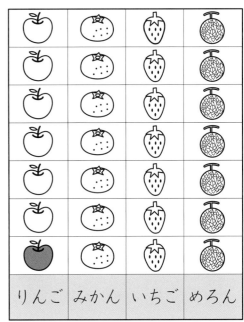

🍎	🍊	🍓	🍈
🍎	🍊	🍓	🍈
🍎	🍊	🍓	🍈
🍎	🍊	🍓	🍈
🍎	🍊	🍓	🍈
🍎	🍊	🍓	🍈
🍎	🍊	🍓	🍈
りんご	みかん	いちご	めろん

① くだものの かずだけ
いろを ぬりましょう。

② いちばん おおい ものは どれですか。

（　　　　　）

③ いちばん すくない ものは どれですか。

（　　　　　）

④ みかんと いちごでは どちらが おおいですか。

（　　　　　）

きょうかしょ📖 26〜27ページ

かずと　すうじ／なんばんめ
いくつと　いくつ／いろいろな　かたち

サクッと
こたえ
あわせ

こたえ 85ページ

1 かずの　おおきい　ほうに　○を　つけましょう。　30てん(1つ10)

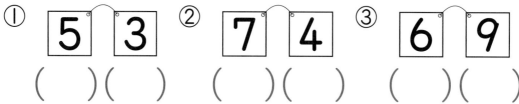

① 5　3　② 7　4　③ 6　9

（　）（　）　（　）（　）　（　）（　）

2 えを　みて　こたえましょう。　30てん(□1つ10)

① うえから　□ ばんめは　りすです。

② ねこは　うえから　□ ばんめで、

したから　□ ばんめです。

こあら
さる
からす
ねこ
りす
ふくろう

3 □に　はいる　かずを　かきましょう。　20てん(1つ5)

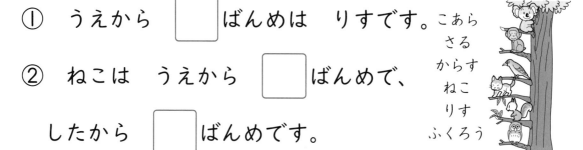

① 6／4　と　□

② □／2　と　6

③ 7／□　と　3

④ □／3　と　7

4 みぎの　かたちを　みて、あ、い、うで
こたえましょう。　20てん(□1つ10)

ころがりやすい　かたちは
□ と　□ です。

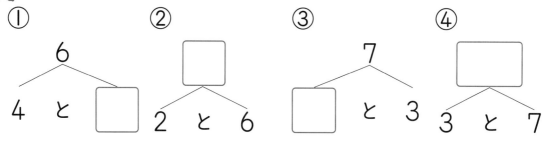

あ　い　う

たしざん(1)

じかん 15ふん
ごうかく 80てん /100
がつ　にち

サクッと
こたえ
あわせ
こたえ 86ページ

1 めろんが　3こと　すいかが　4こ　あります。
あわせて　なんこですか。

20てん(しき15・こたえ5)

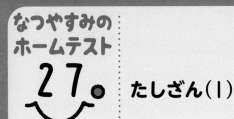

しき [　　　　] = [　]

こたえ [　　　]

2 こたえが　5+4　と　おなじに　なる　かあどを
2つ　えらびましょう。

20てん(1つ10)

あ 3+2　　い 2+7　　う 6+3　　え 4+3

(　) (　)

3 たしざんを　しましょう。

60てん(1つ10)

① 7+2　　　　　　② 1+6

③ 3+5　　　　　　④ 8+1

⑤ 3+7　　　　　　⑥ 4+5

ひきざん(1)

① ばすと でんしゃの かずの ちがいは いくつですか。

20てん(しき15・こたえ5)

しき ☐ = ☐

こたえ ☐

② すずめが 9わ います。4わ とんで いくと、
のこりは なんわに なりますか。

30てん(しき20・こたえ10)

しき ☐ = ☐　　こたえ ☐

③ こたえが 4に なる かあどは どれでしょう。
2つ えらんで 〇を つけましょう。

10てん(1つ5)

| 6−3 | 5−1 | 4−2 | 9−5 |

( )　　( )　　( )　　( )

④ ひきざんを しましょう。

40てん(1つ10)

① 6−4　　　② 8−3

③ 7−1　　　④ 10−7

サクッと
こたえ
あわせ

こたえ 86ページ

⑨　10より　おおきい　かず　……（1）

\ もんだいを きちんと よもう！ /

1 ●の　かずを　かきましょう。　教30〜32ページ**1**、33ページ**2**　30てん（1つ5）

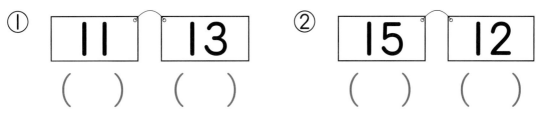

① ② ③ ④ ⑤ ⑥

2 かずの　おおきい　ほうに　○を　つけましょう。　教33ページ**4**

40てん（1つ10）

① 11　13　（　）（　）　　② 15　12　（　）（　）

③ 14　17　（　）（　）　　④ 19　18　（　）（　）

3 かぞえましょう。　教34ページ**5**　30てん（1つ10）

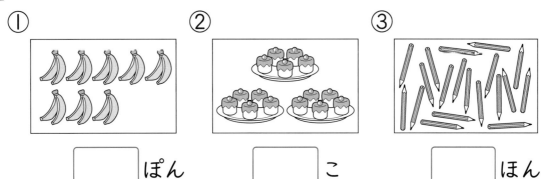

①　□ ぽん　　②　□ こ　　③　□ ほん

きほんの
ドリル
30。

 じかん 15ふん ／ ごうかく 80てん ／100

がつ　にち

こたえ 86ページ

⑨　10より　おおきい　かず　……(2)
10と　いくつ

\ もんだいを きちんと よもう！ /

1 10と　6で　いくつですか。 📖教35ページ❶　　5てん

こたえ □

2 13は　10と　いくつですか。 📖教35ページ❷　　5てん

こたえ □

3 □に　はいる　かずを　かきましょう。 📖教35ページ❶、❷

60てん（1つ10）

①　10と　5で　□　　②　10と　7で　□

③　10と　□で　19　　④　10と　□で　14

⑤　11は　□と　1　　⑥　18は　10と　□

4 □に　はいる　かずを　かきましょう。 📖教35ページ❸

30てん（1つ10）

①　12
　11 と □

②　16
　□ と 6

③　□
　10 と 10

きょうかしょ📖 35ページ

⑨ 10より おおきい かず ……(3)
かずの ならびかた

サクッと こたえ あわせ
こたえ 86ページ

\ もんだいを きちんと よもう！/

❶ □に はいる かずを かきましょう。 📖教36ページ❸

30てん(1つ10)

0 1 2 3 4 5 6 7 8 9 10 11 12 13 14 15 16 17 18 19 20

① 10より 3 おおきい かずは ☐

② 18より 2 おおきい かずは ☐

③ 17より 3 ちいさい かずは ☐

[かずは じゅんに ならんで います。]

❷ □に はいる かずを かきましょう。 📖教37ページ❹

30てん(□1つ5)

① 11 12 ☐ 14 ☐ ☐

② 18 17 16 ☐ 14

[かずの せんは、みぎへ いくほど おおきいです。]

❸ □に はいる かずを かきましょう。 📖教37ページ❺

40てん(□1つ10)

0 ☐ 5 ☐ 10 ☐ 15 ☐ 20

じかん 15ふん ｜ ごうかく 80てん ／100

がつ　にち

サクッと
こたえ
あわせ
こたえ 87ページ

⑨ 10より おおきい かず ……(4)
たしざんと ひきざん ……(1)

\もんだいを きちんと よもう!/

❶ □に はいる かずを かきましょう。 📖教38ページ❶、❸

20てん(□1つ5)

①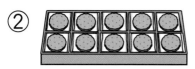

10ぴき　　　3びき

あわせて なんびきですか。

しき 10+3=□ こたえ □びき

②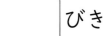

13まい

3まい たべると、なんまい のこりますか。

しき 13-3=□ こたえ □まい

❷ けいさんを しましょう。 📖教38ページ❷、❹ 80てん(1つ10)

① 10+2
② 10+7

③ 10+4
④ 10+10

⑤ 11-1
⑥ 19-9

⑦ 13-3
⑧ 18-8

きょうかしょ📖 38ページ

じかん 15ふん ｜ ごうかく 80てん ／100

⑨ 10より おおきい かず ……(5)
たしざんと ひきざん ……(2)

＼ もんだいを きちんと よもう！／

1 □に はいる かずを かきましょう。 📖教39ページ**5**、**7**

40てん(□1つ10)

①

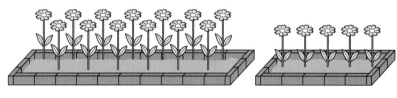

13ぼん　　　　　　5ほん

あわせて なんぼん

ですか。

しき 13+5=□　　こたえ □ほん

②

16こ

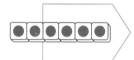

4こ たべると、なんこ のこりますか。

しき 16−4=□　　こたえ □こ

2 けいさんを しましょう。 📖教39ページ**6**、**8**

60てん(1つ10)

① 11+4　　　　　② 12+6

③ 15+3　　　　　④ 17−3

⑤ 15−4　　　　　⑥ 19−6

きょうかしょ 📖 39ページ

⑨ 10より おおきい かず

1 かずの おおきい ほうに ○を つけましょう。　20てん（1つ5）

① | 11 | 15 |
（ ） （ ）

② | 17 | 14 |
（ ） （ ）

③ | 13 | 16 |
（ ） （ ）

④ | 19 | 12 |
（ ） （ ）

2 □に はいる かずを かきましょう。　40てん（□1つ5）

① 13 □ 15 16 □ 18 □ □

② 15 □ □ 12 11 10 □ □

3 けいさんを しましょう。　40てん（1つ5）

① 10+1

② 13+4

③ 17+2

④ 14+3

⑤ 14−4

⑥ 16−2

⑦ 18−5

⑧ 19−7

⑩ **なんじ　なんじはん**

\もんだいを きちんと よもう！/
［みじかい　はりは　なんじを　あらわします。］

❶ **とけいを　よみましょう。** 教44〜45ページ❶　　60てん（1つ15）

① ②

（　　　　　　　　） （　　　　　　　　）

③ ④

（　　　　　　　　） （　　　　　　　　）

❷ **ながい　はりを　かきましょう。** 教45ページ❷　　40てん（1つ20）

① ②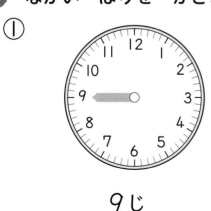

９じ ５じはん

⑪　**おおきさくらべ（1）**
ながさくらべ

\ もんだいを きちんと よもう！/
［ながさの　くらべかたを　かんがえます。］

❶　ながい　ほうに　○を　つけましょう。　📖教48～49ページ❶

40てん（1つ20）

①　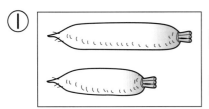　（　　）
　　　　　　　　　　　　　　（　　）

②　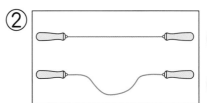　（　　）
　　　　　　　　　　　　　　（　　）

❷　がようしの　たてと　よこの　ながさを　くらべます。
どちらが　ながいですか。　📖教49ページ❷　　　20てん

（　　　　　）の
ほうが　ながい
です。

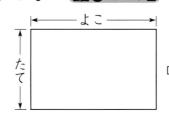

❸　したの　えを　みて　こたえましょう。　📖教51ページ❻

40てん（□1つ10）

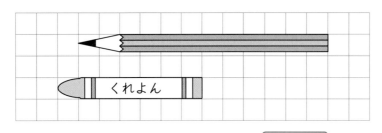

くれよん

マスの　かずを
まちがえないように
かぞえよう。

①　えんぴつは　めもり　☐　こぶんです。

②　くれよんは　めもり　☐　こぶんです。

③　☐　は　☐　より　ながいです。

きょうかしょ📖　46～51ページ

⑪ **おおきさくらべ(1)**
かさくらべ

\ もんだいを きちんと よもう！/

[かさの くらべかたを かんがえます。]

1 どちらが おおく はいりますか。 📖教52ページ❷ 20てん

( )

2 みずが おおく はいる じゅんに かきましょう。

📖教53ページ❹ 60てん(□1つ20)

▢ ⇨ ▢ ⇨ ▢

3 どちらの はこが おおきいですか。 📖教53ページ❺

20てん

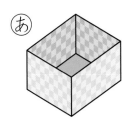
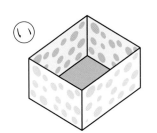
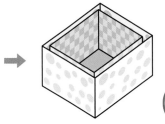

( )

⑫ 3つの かずの けいさん ……(1)

じかん 15ふん ｜ ごうかく 80てん ／100

 がつ にち

サクッと
こたえ
あわせ
こたえ 88ページ

\ もんだいを きちんと よもう！／

[たしざんが 2かい つづきます。]

❶ はじめに こどもが 3にん います。つぎに
4にん きました。その つぎに 3にん きました。
こどもの かずは なんにんに なりましたか。

📖教54〜55ページ❶　40てん(しき30・こたえ10)

しき　3+ ◻ + ◻ = ◻　　こたえ ◻ にん

❷ 7+3+6に なるように ◯に いろを ぬりましょう。

📖教54〜55ページ❶　30てん(◻1つ10)

 +  +

❸ けいさんを しましょう。　📖教55ページ❷　　30てん(1つ5)

①　2+3+1　　　　②　2+5+2

③　3+3+4　　　　④　7+2+1

⑤　8+2+6　　　　⑥　6+4+10

⑫ 3つの かずの けいさん ……(2)

こたえ 88ページ

\ もんだいを きちんと よもう! /

[ひきざんが 2かい つづきます。]

❶ はじめに じゅうすが 10ぽん あります。つぎに
4ほん のみました。その つぎに 2ほん のみました。
なんぼん のこって いますか。　📖教56ページ❸

20てん(しき15・こたえ5)

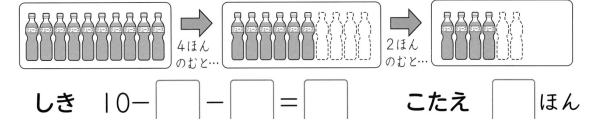

4ほん
のむと…

2ほん
のむと…

しき　10− □ − □ = □　　こたえ □ ほん

❷ はじめに ねこが 14ひき います。つぎに
4ひき かえりました。その つぎに 5ひき
かえりました。なんびき のこって いますか。

📖教56ページ❸　20てん(しき15・こたえ5)

しき □　= □　　こたえ □ ひき

❸ けいさんを しましょう。　📖教56ページ❹　　60てん(1つ10)

① 7−4−2　　　　　② 9−2−4

③ 10−2−6　　　　④ 18−8−2

⑤ 15−5−6　　　　⑥ 13−3−7

⑫ **3つの かずの けいさん** ……(3)

\もんだいを きちんと よもう!/
[たしざんか ひきざんか よく かんがえましょう。]

❶ はじめに まみさんは かあどを 8まい もって
います。つぎに おねえさんに 4まい あげました。
その つぎに ともだちから 3まい もらいました。
かあどは なんまいに なりましたか。 📖教57ページ**5**

20てん(しき15・こたえ5)

しき 8 ◯ ☐ ◯ ☐ = ☐ こたえ ☐ まい

あげた　　もらった
(へった)　(ふえた)

❷ はじめに かえるが 8ひき います。つぎに
2ひき きました。その つぎに 4ひき
かえりました。かえるは なんびきに なりましたか。

📖教58ページ**8** 20てん(しき15・こたえ5)

 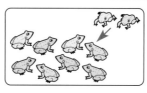 

2ひき
くる

4ひき
かえる

しき 8+ ☐ − ☐ = ☐ こたえ ☐ ぴき

❸ けいさんを しましょう。 📖教57ページ**7**、58ページ**9** 60てん(1つ10)

① 6−5+7 ② 10−7+5

③ 16−6+3 ④ 8+1−5

⑤ 10+5−3 ⑥ 13+4−2

がつ　にち

サクッと
こたえ
あわせ

こたえ 88ページ

⑬ **たしざん(2)** ……(1)

\ もんだいを きちんと よもう！／

[10を つくって、10と のこりの かずを たします。]

❶ すずめが 8わ います。5わ とんで くると、なんわに
なりますか。おはじきを つかって かんがえましょう。

📖教60～61ページ❶、❷　50てん(①～④1つ10、⑤□1つ5)

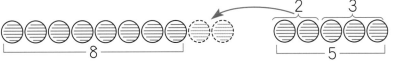

2　3

8　5

のこりの
かずを
わすれずに
たそう。

① 8は あと ☐ で 10に なります。

② 5を ☐ と 3に わけます。

③ 8に ☐ を たすと 10に なります。

④ 10と のこりの 3を たして ☐ に なります。

⑤ 8+5= ☐　　　　こたえ ☐ わ

❷ 9+6の けいさんの しかたを かんがえましょう。

📖教60～61ページ❶、❷　50てん(1つ10)

① 9は あと ☐ で 10に なります。

② 6を ☐ と 5に わけます。

③ 9に ☐ を たすと 10に なります。

④ 10と のこりの 5を たして ☐ に なります。

⑤ 9+6= ☐

きょうかしょ📖 60～61ページ

じかん 15ふん　ごうかく 80てん　／100

がつ　にち

こたえ 89ページ

\ もんだいを きちんと よもう！ /

[「あわせて いくつ」は たしざんに なります。]

1 7+5の けいさんを します。□に はいる かずを
かきましょう。 📖教62ページ❸

25てん(□1つ5)

$$7+5$$
$$3\ 2$$

① 5を ［3］と ［　］に わける。

② 7に 3を たして ［　　　］

③ 10と ［　］で ［　　　］

2 6+5の けいさんを します。□に はいる かずを
かきましょう。 📖教63ページ❹

25てん(□1つ5)

$$6+5$$
$$4\ 1$$

① 5を ［　］と ［　］に わける。

② 6に 4を たして ［　　　］

③ 10と ［　］で ［　　　］

3 たしざんを しましょう。 📖教63ページ❺

50てん(1つ10)

① 8+6

② 7+6

③ 9+4

④ 8+7

⑤ 9+2

きょうかしょ📖 62〜63ページ

じかん **15**ふん ｜ ごうかく **80**てん ／**100**

がつ　にち

サクッと
こたえ
あわせ
こたえ **89**ページ

⑬ **たしざん(2)** ……(3)

\もんだいを きちんと よもう!/

1 たしざんを しましょう。 📖教63ページ**5** 　40てん(1つ5)

① 8+3 ② 9+5

③ 7+4 ④ 6+7

⑤ 9+6 ⑥ 8+5

⑦ 7+8 ⑧ 9+3

[「くると」は たしざんに なります。]

2 じどうしゃが 8だい とまって います。4だい くると、なんだいに なりますか。 📖教63ページ**6**

30てん(しき20・こたえ10)

しき ［　　　　　　　］ こたえ ［　　］だい

3 いぬが 7ひき、ねこが 6ぴき います。
あわせると なんびきに なりますか。 📖教63ページ**6**

30てん(しき20・こたえ10)

しき ［　　　　　　　］

こたえ ［　　］びき

サクッと こたえ あわせ
こたえ 89ページ

\ もんだいを きちんと よもう！/

❶ たしざんを しましょう。 📖教64ページ8　　40てん(1つ5)

①　9+9　　　　　②　9+8

③　8+8　　　　　④　8+6

⑤　7+6　　　　　⑥　7+5

⑦　6+9　　　　　⑧　6+5

❷ どんぐりを ぼくは 9こ、おとうとは 7こ
ひろいました。あわせて なんこ ありますか。

📖教64ページ9　30てん(しき20・こたえ10)

しき

こたえ 　こ

❸ きんぎょが 8ひき いました。7ひき もらいました。
あわせて なんびき いますか。 📖教64ページ9

30てん(しき20・こたえ10)

しき

こたえ 　ひき

じかん **15**ふん ｜ ごうかく **80**てん ／**100**

がつ　にち

サクッと
こたえ
あわせ
こたえ **89** ページ

⑬　**たしざん(2)**　　　……(5)

\ もんだいを きちんと よもう! /

1 　4+9の　けいさんを　します。□に　はいる　かずを
かきましょう。　📖教65ページ❿　　　50てん(□1つ10)

①　9を　6と　□　に　わける。

②　4に　□　を　たして　10

③　10と　□　で　□

④　4+9=□

2 　えりさんは、あめを　5こ　もって　います。
いもうとは　8こ　もって　います。あわせて　なんこ
ありますか。　📖教65ページ❿　　　20てん(しき15・こたえ5)

しき　□

こたえ　□　こ

3 　たしざんを　しましょう。　📖教65ページ⓫　　　30てん(1つ5)

①　5+7　　　　②　3+8

③　4+8　　　　④　5+9

⑤　2+9　　　　⑥　5+6

じかん 15ふん ／ ごうかく 80てん ／100 ／ がつ にち

⑬ **たしざん(2)** ……(6)
たしざんの かあど

\もんだいを きちんと よもう!/

1 うえの かあどの こたえを、したの かあどから
みつけて ―― で むすびましょう。 教66ページ❶

40てん(1つ10)

| 7+6 | 8+3 | 9+3 | 5+9 |

| 12 | 14 | 13 | 11 |

2 かあどの うらに こたえを かきましょう。 教66ページ❶

20てん(1つ5)

おもて　　うら

① 8+6　14　② 3+8

③ 9+7　　　④ 4+9

3 こたえが おなじに なる かあどを、―― で
むすびましょう。 教67ページ❷

40てん(せんむすび1つ5)

6+8	・	・	12	・	・	9+8
8+9	・	・	14	・	・	7+8
5+7	・	・	17	・	・	6+6
9+6	・	・	15	・	・	7+7

じかん 15ふん ｜ ごうかく 80てん ／100

がつ　にち

サクッと
こたえ
あわせ

こたえ 89ページ

⑬ たしざん（2）

1 こどもが 6にん あそんで います。7にん
くると、なんにんに なりますか。　　30てん（しき20・こたえ10）

しき [　　　　　　　　]　　こたえ [　　　　　　]

2 あかい くるまが 8だい、しろい くるまが
4だい とまって います。あわせて なんだい
ありますか。　　30てん（しき20・こたえ10）

しき [　　　　　　　　]　　こたえ [　　　　　　]

3 たしざんを しましょう。　　40てん（1つ5）

① 4+8　　　　　　② 9+9

③ 3+9　　　　　　④ 8+6

⑤ 8+8　　　　　　⑥ 7+5

⑦ 5+6　　　　　　⑧ 4+9

⑭ **かたちづくり** ……（1）

＼もんだいを きちんと よもう！／

［いろいたを ならべて、いろいろな かたちを つくって みましょう。］

❶ ◢ を ならべて、したの かたちを つくりました。

なんまい ならべて いますか。　教70ページ❶、71ページ❷　100てん（1つ25）

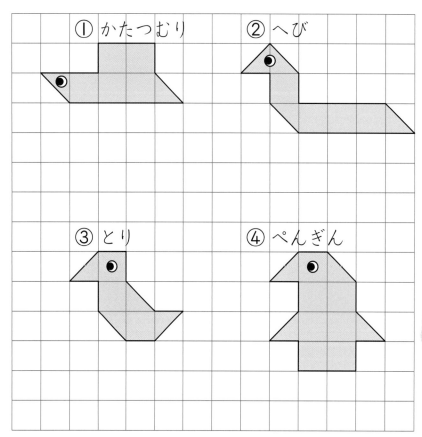

① かたつむり　② へび　③ とり　④ ぺんぎん

▢ は ◢ が
2まいで
できて いるよ。

① ☐ まい　② ☐ まい

③ ☐ まい　④ ☐ まい

⑭ **かたちづくり** ……(2)

\もんだいを きちんと よもう！/

[ぼうを ならべて、いろいろな かたちを つくって みましょう。]

❶ ━━━ を ならべて、したの かたちを つくりました。

なんぼん ならべて いますか。 📖教72ページ❸ 40てん（1つ8）

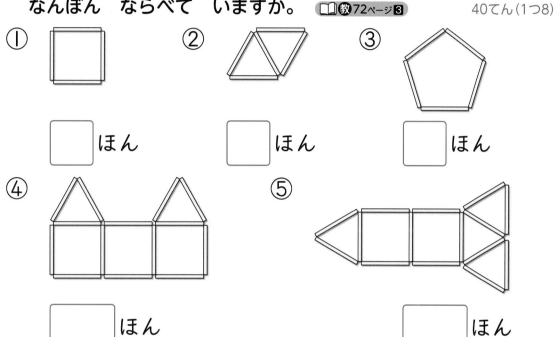

| | ほん | | ほん | | ほん |

| | ほん | | ほん |

[てんを つないで、いろいろな かたちを つくって みましょう。]

❷ てんを つないで、おなじ かたちを つくりましょう。

📖教73ページ❹ 60てん（1つ15）

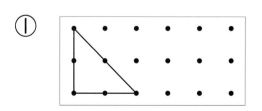

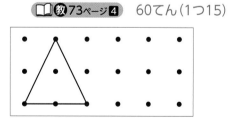

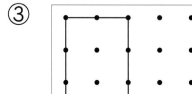

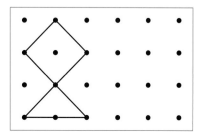

| じかん 15ふん | ごうかく 80てん | /100 |

がつ　にち

⑭　かたちづくり　　　　　……(3)

サクッと こたえ あわせ
こたえ 90ページ

\ もんだいを きちんと よもう！/

[いろいたや　ぼうを　うごかして、かたちを　かえて　みましょう。]

❶　あの　いろいたを　１まいだけ　うごかして、いの　かたちに
かえました。うごかした　あの　いろいたに　〇を　つけましょう。

📖教74ページ❺　40てん(1つ20)

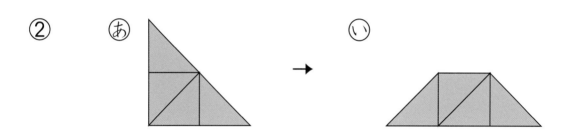

①　あ　　→　い

②　あ　　→　い

❷　━━　で　つくった　すうじの　0 れい から、なんぼん　とったり
うごかしたり　すると、みぎの　すうじが　できますか。

📖教74ページ❻　60てん(□1つ20)

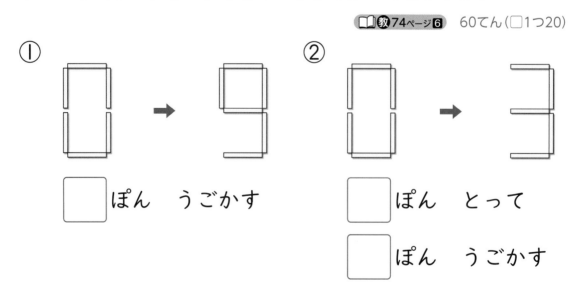

①　　　→

□ ぽん　うごかす

②　　　→

□ ぽん　とって

□ ぽん　うごかす

50

きょうかしょ📖 74ページ

きほんの
ドリル
51。 ⑮ **ひきざん(2)** ……(1)

じかん 15ふん | ごうかく 80てん /100 | がつ　にち

サクッと
こたえ
あわせ
こたえ **90ページ**

\ もんだいを きちんと よもう! /
[10と □に わけて かんがえます。]

❶ なしが 14こ あります。9こ たべると、なんこ
のこりますか。おはじきを つかって かんがえましょう。

📖教76〜77ページ❶、❷　50てん(①〜③□1つ10、④□1つ5)

9こ とる　　のこりを たす

① 14を 10と □ に わける。

② 10から □ を ひいて 1

③ 1と □ で □

④ 14−9= □　　　こたえ □ こ

のこった おはじきを
あわせた かずが
こたえに なりますね。

❷ 15−7の けいさんの しかたを かんがえましょう。

📖教76〜77ページ❶、❷　50てん(□1つ10)

7こ とる　　のこりを たす

① 15を 10と □ に わける。

② 10から □ を ひいて 3

③ 3と □ で □

④ 15−7= □

10と □に
わけてから
ひくと いいんだね。

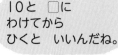

きょうかしょ📖 **76〜77ページ**

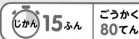

⑮　ひきざん(2)　　　　……(2)

\ もんだいを きちんと よもう！ /

❶　16−7の　けいさんを　します。□に　はいる　かずを
かきましょう。　📖教78ページ❸　　　　30てん(□1つ5)

① 16 を ┃10┃ と ┃　┃ に　わける。

$$16-7$$
$$10 \quad 6$$

② ┃　┃から　7を　ひいて　3

③ 3と ┃　┃ で ┃　┃

④ 16−7= ┃　┃

[ぜんぶの　かずから　いちぶの　かずを　ひきます。]

❷　たまいれで　たまを　13こ　なげました。7こ
はいりました。はいらなかった　たまは　なんこですか。
　📖教79ページ❻　30てん(しき20・こたえ10)

しき ┃　　　　　　　　　┃　　こたえ ┃　┃こ

❸　ひきざんを　しましょう。　📖教79ページ❺、80ページ❽　40てん(1つ5)

①　14−8　　　　　②　12−9

③　15−9　　　　　④　13−8

⑤　17−9　　　　　⑥　14−6

⑦　12−7　　　　　⑧　18−9

きょうかしょ📖　78〜80ページ

じかん 15ふん ｜ ごうかく 80てん ／100
がつ　にち

サクッと
こたえ
あわせ
こたえ 91ページ

⑮ ひきざん（2） ……（3）

\ もんだいを きちんと よもう！ /

［おおきい かずから ちいさい かずを ひきます。］

❶ 12−3の けいさんを します。□に はいる かずを かきましょう。📖教81ページ🔟

30てん（□1つ5）

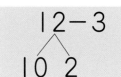

12−3
10 2

① 12 を ［　］ と ［　］ に わける。

② 10 から 3 を ひいて ［　］

③ 7 と ［　］ で ［　］

④ 12−3＝［　］

❷ あめが 11こ あります。4こ たべると、のこりは なんこですか。📖教81ページ🔟

30てん（しき20・こたえ10）

しき ［　　　　　　　　　　］　　こたえ ［　］こ

❸ ひきざんを しましょう。📖教81ページ⓫

40てん（1つ5）

① 13−5　　　　② 12−4

③ 11−3　　　　④ 13−4

⑤ 14−5　　　　⑥ 11−2

⑦ 12−5　　　　⑧ 11−4

きほんの
ドリル
54。

⑮ ひきざん(2)
ひきざんの かあど

……(4)

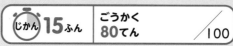

じかん 15ふん ／ ごうかく 80てん ／100

がつ にち

サクッと
こたえ
あわせ

こたえ 91 ページ

\ もんだいを きちんと よもう! /

1 うえの かあどの こたえを、したの かあどから
みつけて ── で むすびましょう。 📖教82ページ❶

20てん(1つ5)

| 11−4 | 15−6 | 13−5 | 12−8 |

| 9 | 7 | 4 | 8 |

2 こたえが 9に なる かあどは どれでしょう。
2つ えらんで ○を つけましょう。 📖教82ページ❶

20てん(1つ10)

| 14−7 | 12−3 | 13−8 | 11−2 |
( ) ( ) ( ) ( )

3 こたえが おなじに なるように、□に かずを かきましょう。

📖教83ページ❷ 60てん(□1つ10)

① 11−6 ── 12−□

② 14−8 ── 15−□

③ 14−7 ── 15−□ ── 16−□

④ 15−6 ── 16−□ ── 17−□

きょうかしょ📖 82〜83ページ

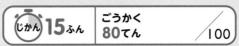

⑮ **ひきざん（2）** ……(5)
かずあて　げえむ

こたえ 91ページ

\ もんだいを きちんと よもう！ /

1 2 3 4 5 6 7 8 9

　＋ － ＝

⑩ ⑪ ⑫ ⑬ ⑭ ⑮ ⑯ ⑰ ⑱ ⑲

1 うえの　かあどを　つかって、たしざんや　ひきざんの　しき
を　つくります。□や　○に　はいる　かずを　かきましょう。

教84ページ　100てん（1つ10）

① 3 ＋ 7 ＝ ○

② 5 ＋ □ ＝ ⑪

③ 7 ＋ □ ＝ ⑯

④ □ ＋ 9 ＝ ⑰

⑤ □ ＋ 5 ＝ ⑭

⑥ ⑭ － 6 ＝ □

⑦ ⑪ － □ ＝ 9

⑧ ⑫ － □ ＝ 5

⑨ ○ － 9 ＝ 8

⑩ ○ － 7 ＝ 9

きょうかしょ 84ページ

じかん 15ふん ／ ごうかく 80てん ／100

がつ　にち

⑮　**ひきざん(2)**　……(6)
けいさんの　かみしばい

こたえ 91 ページ

\ もんだいを きちんと よもう！ /

[たしざんや　ひきざんの　かみしばいを　つくって　みましょう。]

1 たしざんや　ひきざんの　かみしばいを　つくります。□に
はいる　かずを　かきましょう。　📖教85ページ**1**〜**3**　100てん(□1つ10)

① 7+5の　かみしばい

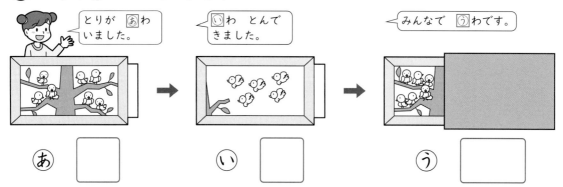

とりが あわ いました。
いわ とんで きました。
みんなで うわです。

あ □　　い □　　う □

② 13−6の　かみしばい

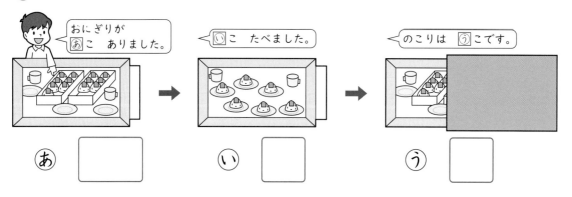

おにぎりが あこ ありました。
いこ たべました。
のこりは うこです。

あ □　　い □　　う □

③ 11−4+7の　かみしばい

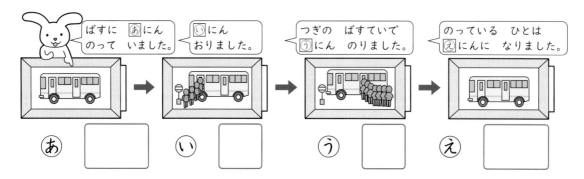

ばすに あにん のって いました。
いにん おりました。
つぎの ばすていで うにん のりました。
のっている ひとは えにんに なりました。

あ □　　い □　　う □　　え □

きょうかしょ📖 **85ページ**

まとめの
ドリル
57。 ⑮ ひきざん（2）

じかん 15ふん ｜ ごうかく 80てん ／100

がつ　にち

サクッと
こたえ
あわせ
こたえ 91 ページ

1 まりなさんは えんぴつを 16ぽん もっていて、
9ほん つかいました。なんぼん のこって いますか。

30てん（しき20・こたえ10）

しき ［　　　　　　　　　］

こたえ ［　　　　　　］

2 にわとりが 5わ、ひよこが 14わ います。
ちがいは、なんわですか。

30てん（しき20・こたえ10）

しき ［　　　　　　　　　］

こたえ ［　　　　　　］

3 ひきざんを しましょう。

40てん（1つ5）

① 11−9　　　　② 12−6

③ 13−5　　　　④ 14−7

⑤ 12−3　　　　⑥ 16−8

⑦ 18−9　　　　⑧ 15−7

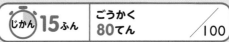

きほんの ドリル 58

⑯　0の　たしざんと　ひきざん　……(1)

こたえ 92ページ

\ もんだいを きちんと よもう！ /

[0は　なにも　ない　ことを　あらわして　います。]

❶　3にんで　かあどげえむを　しました。1かいめと　2かいめに
とった　かずを　たすと、なんまいに　なりますか。　📖教88ページ❶

60てん(しき15・こたえ5)

	1かいめ	2かいめ
こうた	3	4
ゆり	0	5
たいき	4	0

①　こうた

しき　3+ ☐ = ☐　　　こたえ ☐ まい

②　ゆり

しき　☐ +5= ☐　　　こたえ ☐ まい

③　たいき

しき　4+ ☐ = ☐　　　こたえ ☐ まい

❷　たしざんを　しましょう。　📖教88ページ❷　　40てん(1つ10)

①　2+0　　　　　　②　0+0

③　0+4　　　　　　④　0+10

きょうかしょ📖 88ページ

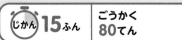

サクッと
こたえ
あわせ
こたえ 92ページ

⑯　0の　たしざんと　ひきざん　……(2)

\ もんだいを きちんと よもう！ /

[もとの　かずから　0を　ひいても　もとの　かずは　かわりません。]

1　まとあてげえむを　しました。あたった　かずは　えのように
なりました。1かいめと　2かいめの　あたった　かずの
ちがいは　なんぼんですか。　📖教89ページ**3**　　60てん（しき15・こたえ5）

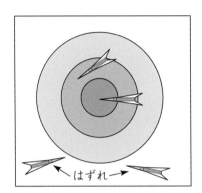

はずれ

	1かいめ	2かいめ
としこ	4	0
まさと	2	5
ゆたか	3	3

① 　としこ

しき 　□ −0= □ 　　　　こたえ □ ほん

② 　まさと

しき 　5− □ = □ 　　　　こたえ □ ぼん

③ 　ゆたか

しき 　□ = □ 　　　　こたえ □ ほん

2　ひきざんを　しましょう。　📖教89ページ**4**　　40てん（1つ10）

①　5−5　　　　　　②　0−0

③　6−0　　　　　　④　10−0

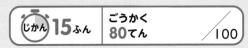

⑰　ものと　ひとの　かず　……（1）

\もんだいを きちんと よもう!/

［のこった　ものの　かずを　けいさんします。］

❶　あめが　15こ　あります。8にんに　1こずつ
あげると、なんこ　のこりますか。　📖教90ページ❶

30てん（しき20・こたえ10）

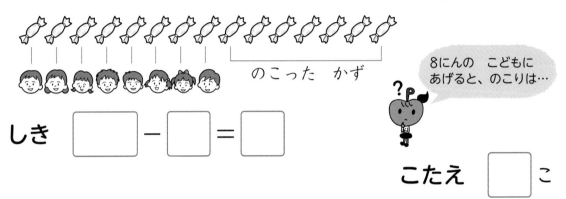

のこった　かず

8にんの　こどもに
あげると、のこりは…

しき　□ － □ ＝ □

こたえ　□ こ

❷　じてんしゃが　14だい　あります。9にんの
こどもが　1だいずつ　のると、なんだい
のこりますか。　📖教90ページ❶

30てん（しき20・こたえ10）

しき　□ － □ ＝ □

こたえ　□ だい

❸　しゃしんを　とります。6きゃくの　いすに　ひとり
ずつすわり、うしろに　8にん　たちます。なんにんで
しゃしんを　とりますか。　📖教90ページ❷

40てん（しき25・こたえ15）

しき　□

こたえ　□ にん

きょうかしょ📖　90ページ

きほんの
ドリル
61。

⑰ ものと ひとの かず ……(2)
なんばんめ

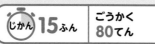
じかん 15ふん | ごうかく 80てん | /100

がつ にち
サクッと
こたえ
あわせ
こたえ 92ページ

\ もんだいを きちんと よもう！ /

[なんばんめかを みつける とき、たしざんや ひきざんを します。]

❶ ぶらんこの まえに こどもが ならんで います。
けいたさんの まえに 6にん います。けいたさんは
まえから なんにんめですか。 📖教91ページ❶

30てん（しき20・こたえ10）

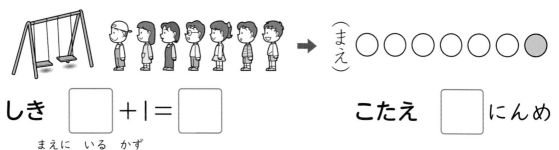

しき ☐ ＋１＝ ☐   こたえ ☐ にんめ

まえに いる かず

❷ こどもが １れつに ならんで います。あやさんは
まえから 9にんめです。あやさんの まえには
なんにん いますか。 📖教91ページ❷   30てん（しき20・こたえ10）

しき ☐ － ☐ ＝ ☐   こたえ ☐ にん

❸ ねこが １れつに、ならんでいます。たまは
まえから 4ばんめです。たまの うしろには 8ひき
います。ねこは、ぜんぶで なんびきいますか。
📖教92ページ❸   40てん（しき25・こたえ15）

しき ☐   こたえ ☐ ひき

プログラミング

わくわく　ぷろぐらみんぐ

\もんだいを きちんと よもう！/

① えを　みて　こたえましょう。

100てん（1つ50）

うえ

ひだり

みぎ

した

したから　3ばんめ
ひだりから　4ばんめの
ものが　ほしいよ。

① が　ほしいのは　どれですか。

（　　　　　）

② うえに　すすむと　みぎに　すすむをつかって を

に　うごかします。
あ、いに　はいる　ものを
こたえましょう。

うえに　すすむ

あ　みぎに　すすむ

うえに　すすむ

みぎに　すすむ

い　

きょうかしょ　94〜95ページ

じかん 15ふん　ごうかく 80てん　／100

サクッと こたえ あわせ

こたえ 93 ページ

10より おおきい かず／おおきさくらべ（1）
3つの かずの けいさん

⭐1 かずの おおきい ほうに ○を つけましょう。　20てん（1つ5）

① 14（　）　② 13（　）　③ 18（　）　④ 17（　）
　　11（　）　　　15（　）　　　20（　）　　　16（　）

⭐2 かみの たてと よこの ながさを くらべます。
20てん（□1つ10）

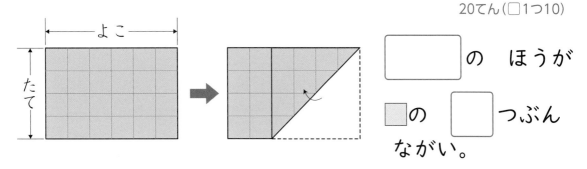

　　　　　　の ほうが

　□の □つぶん
ながい。

⭐3 はじめに こどもが 8にん います。 つぎに 5にん かえりました。その つぎに 4にん きました。なんにんに なりましたか。
20てん（しき15・こたえ5）

しき [　　　　　　　]　こたえ [　　　　]

⭐4 けいさんを しましょう。
40てん（1つ10）

① 7+3+8　　　② 1+7−3

③ 10−8+4　　④ 10−2−5

たしざん(2)／かたちづくり／ひきざん(2)／0の
たしざんと　ひきざん／ものと　ひとの　かず

 こたえが　おなじに　なる　かあどを ―― で
むすびましょう。

20てん（1つ5）

| 14−8 | 11−8 | 15−7 | 13−6 |

| 17−9 | 12−6 | 16−9 | 12−9 |

 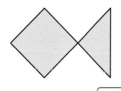 を　ならべて、したの　かたちを　つくりました。
なんまい　ならべて　いますか。

20てん（1つ10）

①

☐ まい

②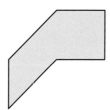

☐ まい

 こどもが　ならんで　います。はるかさんは　まえから
8にんめです。はるかさんの　まえには　なんにん
いますか。

30てん（しき20・こたえ10）

しき ☐　　　こたえ ☐

 けいさんを　しましょう。

30てん（1つ5）

① 9+7　　② 7+7
③ 4+8　　④ 5+6
⑤ 12−3　　⑥ 0−0

⑱ **大きい かず**
かずの かぞえかた

\ もんだいを きちんと よもう！ /

[10この まとまりを ○で かこんで、10が いくつと ばらが
いくつと かぞえて みましょう。]

❶ いちごの かずを かぞえます。10の まとまりを
つくって □に はいる かずを かきましょう。

📖教98ページ❶ 50てん(□1つ25)

10が □つと のこりが

□つです。

にじゅうはちと いいます。

10の かたまりが
いくつに なりますか。
ばらは いくつですか。

❷ はなの かずを かぞえます。□に はいる かずを
かきましょう。 📖教99ページ❷ 50てん(□1つ25)

10が □つと のこりが □つです。

ろくじゅうしと いいます。

じかん **15**ふん ｜ ごうかく **80**てん ／100

がつ　にち

サクッと
こたえ
あわせ
こたえ **93**ページ

\ もんだいを きちんと よもう！ /

[十のくらいは　10の　あつまりを、一のくらいは　1の　あつまりを
あらわして　います。]

1 かずを　すうじで　かきましょう。　📖教100ページ**1**　　20てん（1つ10）

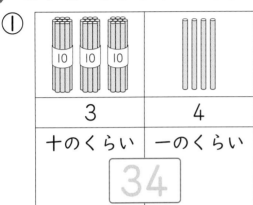

① | 3 | 4 |
|---|---|
| 十のくらい | 一のくらい |

34

② | 4 | 0 |
|---|---|
| 十のくらい | 一のくらい |

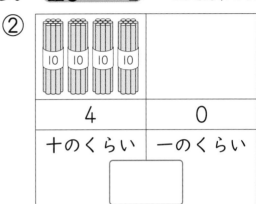

2 □に　はいる　かずを　かきましょう。　📖教100ページ**3**、101ページ**5**、**7**

80てん（□1つ10）

① 十のくらいが　6、一のくらいが　8の　かずは

② 十のくらいが　8、一のくらいが　0の　かずは

③ 10が　5つと　1が　3つで

④ 10が　7つと　1が　8つで

⑤ 10が　9つで

十のくらいの　かずは
10の　まとまりが　いくつと
いう　ことだね。

⑥ 70は　10が　□つ

⑦ 49は　10が　□つと　1が　□つ

きょうかしょ📖 **100〜101**ページ

⑱ **大きい かず**
100までの かず ……(1)

じかん**15**ふん ｜ ごうかく **80**てん ／**100**

\ もんだいを きちんと よもう！ /

1 いくつ ありますか。 📖教102ページ**1** 10てん

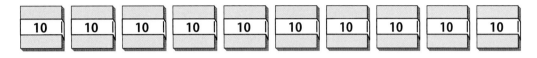

10 が 10 こで ☐

2 ☐に はいる かずを かきましょう。 📖教103ページ**3**

90てん（1つ15）

① 29より ｜ 大きい かずは ☐

② 79より ｜ 大きい かずは ☐

③ 60より ｜ 小さい かずは ☐

④ 100より ｜ 小さい かずは ☐

⑤ 32より 3 大きい かずは ☐

⑥ 88より 4 小さい かずは ☐

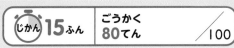

サクッと
こたえ
あわせ
こたえ 94ページ

⑱ **大きい　かず**

100までの　かず　……(2)

\\ もんだいを きちんと よもう!/

[10が　いくつ、1が　いくつで　てんを　かぞえます。]

1 ボールとりゲームを　しました。◎は　10てん、
●は　1てん、○は　0てんです。けっかは　それぞれ
なんてんですか。　📖教104ページ4　　20てん(□1つ10)

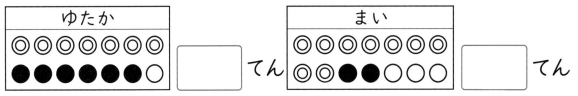

ゆたか		まい	
◎◎◎◎◎◎◎	□ てん	◎◎◎◎◎◎◎	□ てん
●●●●●●●○		◎◎◎●●○○○	

2 かずの　大きい　ほうに　○を　つけましょう。　📖教104ページ5

30てん(1つ10)

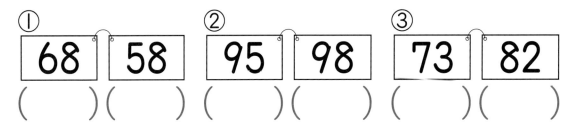

① 68　58　（　　）（　　）

② 95　98　（　　）（　　）

③ 73　82　（　　）（　　）

3 □に　はいる　かずを　かきましょう。　📖教105ページ7　40てん(□1つ5)

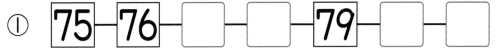

① 75－76－□－□－79－□－□

② 30－40－□－60－70－80－□

③ 70－75－80－□－90－95－□

4 あと　いくつで　100に　なりますか。　📖教105ページ9　10てん(1つ5)

① 80　□

② 97　□

きょうかしょ📖 104〜105ページ

⑱ **大きい　かず**
かいもの

サクッと
こたえ
あわせ

こたえ **94**ページ

\ もんだいを きちんと よもう！ /

[おかねの　けいさんが　できるように　します。]

1 26円の　チョコレートを　かいます。いろいろな　おかねの
出しかたを　かんがえます。□に　はいる　かずを　かきましょう。

📖教107ページ**1**、**2**　50てん（□1つ10）

① 🪙を [　]つと ①を [　]つ

出します。

② 🪙を [　]つと ◎を ｜つと ①を [　]つ

出します。

③ ◎を [　]つと ①を ｜つ　出します。

2 58円の　けしごむを　かいます。いろいろな　おかねの　出し
かたを　かんがえます。□に　はいる　かずを　かきましょう。

📖教107ページ**1**、**2**　50てん（□1つ10）

① 🪙を [　]つと ◎を [　]つと ①を

[　]つ　出します。

② 🪙を [　]つと ①を [　]つ　出します。

⑱ 大きい かず
100を こえる かず

\もんだいを きちんと よもう！/

[100と いくつで かんがえます。]

1 なん本 ありますか。 📖教108ページ❶　　　20てん(1つ10)

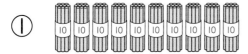

① ☐ 本

② ☐ 本

2 なんまい ありますか。 📖教108ページ❶　　　10てん

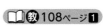

☐ まい

3 ☐に はいる かずを かきましょう。 📖教109ページ❷

30てん(☐1つ10)

98 — ☐ — ☐ — 101 — ☐

4 つぎの おかしの うち、100円で かえる もの
に ○を つけましょう。 📖教109ページ❸

20てん(1つ10)

 105円 ( )
 88円 ( )
 120円 ( )
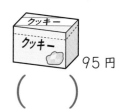 95円 ( )

5 下の 「かずの せん」の ☐に はいる かずを
かきましょう。 📖教109ページ❹

20てん(☐1つ10)

① ☐ ② ☐

かずの せん

0　10　20　30　40　50　60　70　80　90　100　110　120

⑱ **大きい かず**

1 ぜんぶで いくつ ありますか。　10てん(1つ5)

①  ⇨ ☐ 本

② ⇨ ☐ まい

10まい

2 ☐に はいる かずを かきましょう。　70てん(☐1つ10)

① 十のくらいが 3、一のくらいが 9の かずは ☐

② 64は 10が ☐つと 1が ☐つ

③ 59より 1 大きい かずは ☐

④ 75より 3 小さい かずは ☐

⑤ 96は、あと ☐ で 100に なります。

⑥ 70は、あと ☐ で 100に なります。

3 かずの 大きい ほうに ○を つけましょう。　20てん(1つ10)

① ☐ 93 ☐ 88　② ☐ 111 ☐ 115

( )( )　( )( )

きょうかしょ 📖 **98〜111ページ**

⑲ **なんじなんぷん**

＼ もんだいを きちんと よもう！ ／

［みじかい　はりで　なんじ、ながい　はりで　なんぷんを　よみます。］

❶ とけいを　よみましょう。 📖教112ページ❶、113ページ❷、❸　60てん（1つ10）

①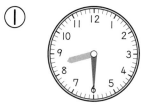

②

③

（　　　　　）（　　　　　）（　　　　　）

④

⑤

⑥

（　　　　　）（　　　　　）（　　　　　）

❷ ながい　はりを　かきましょう。 📖教114ページ❹、❺　40てん（1つ10）

① 5じ10ぷん

② 10じ13ぷん

③ 11じ25ふん

④ 2じ58ふん

きょうかしょ📖 112〜114ページ

じかん **15**ふん ｜ ごうかく **80てん** ／100

がつ　にち

サクッと
こたえ
あわせ
こたえ **95** ページ

⑳　**おなじ　かずずつ**

＼もんだいを きちんと よもう！／

[おなじ　かずに　わけます。]

① クッキーが　８こ　あります。４人の　子どもに
おなじ　かずずつ　わけます。１人に　なんこずつ
わけられますか。 📖教115ページ**１**　　25てん（しき15・こたえ10）

クッキーを　４まいの
おさらに　わけて　みよう。

しき ｜2｜＋｜2｜＋｜2｜＋｜2｜＝｜　｜

こたえ ｜　｜こ

② おにぎりが　10こ　あります。１人に　２こずつ
あげると、なん人に　あげられますか。 📖教115ページ**２**

25てん

｜　｜人

③ せんべい　16まいを　おなじ　かずずつ　わけます。

📖教115ページ**１**　50てん（1つ25）

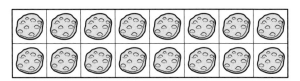

① ４人では　１人に　なんまいずつですか。

｜　｜まい

② ８人では　１人に　なんまいずつですか。

｜　｜まい

きょうかしょ📖 **115ページ**

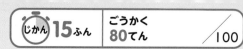

㉑ 100までの かずの けいさん ……(1)

\ もんだいを きちんと よもう！ /

1 いろがみが 50まい あります。20まい もらう と、なんまいに なりますか。　📖教120ページ**1**

20てん(しき15・こたえ5)

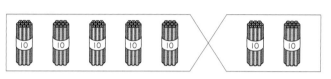

しき 50 + ☐ = ☐　　こたえ ☐ まい

2 おはじきを 29こ もって います。9こ あげると、 なんこ のこりますか。　📖教121ページ**7**　　20てん(しき15・こたえ5)

しき ☐　　　　こたえ ☐ こ

3 たしざんを しましょう。　📖教120ページ**2**、121ページ**6**　　30てん(1つ5)

①　60+20　　　　②　30+70

③　40+6　　　　④　20+3

⑤　80+5　　　　⑥　90+4

4 ひきざんを しましょう。　📖教120ページ**4**、121ページ**8**　　30てん(1つ5)

①　70−40　　　　②　100−20

③　38−8　　　　④　43−3

⑤　76−6　　　　⑥　87−7

きょうかしょ📖 120〜121ページ

きほんの
ドリル
75.

 15ふん ｜ ごうかく 80てん ／100 ｜ がつ　にち

 サクッと こたえ あわせ
こたえ **95**ページ

㉑ 100までの かずの けいさん ……(2)

\ もんだいを きちんと よもう！/

❶ ありが 32 ひき います。6 ぴき くると、ぜんぶ で なんびきに なりますか。 📖教122ページ❾

20てん(しき15・こたえ5)

しき ┃32┃＋┃　┃＝┃　┃　　こたえ ┃　┃ひき

❷ すずめが 39 わ います。4 わ とんで いきまし た。のこりは なんわですか。 📖教123ページ⓫

20てん(しき15・こたえ5)

しき ┃　　　　　　　┃　　こたえ ┃　┃わ

❸ けいさんを しましょう。 📖教122ページ❿、123ページ⓬　　60てん(1つ5)

① 42＋6　　　　　② 24＋3

③ 83＋5　　　　　④ 95＋4

⑤ 62＋7　　　　　⑥ 76＋3

⑦ 38－4　　　　　⑧ 29－3

⑨ 78－6　　　　　⑩ 87－2

⑪ 59－7　　　　　⑫ 96－4

サクッと こたえ あわせ
こたえ 95ページ

㉒ おおい ほう すくない ほう

\ もんだいを きちんと よもう！/

[「おおい」「すくない」から、たしざんや ひきざんを します。]

❶ よしきさんは かみひこうきを 6こ つくりました。
だいすけさんは よしきさんより 2こ おおく
つくりました。だいすけさんは なんこ
つくりましたか。 📖教124ページ❶　　　50てん（しき30・こたえ20）

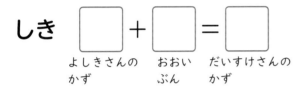

しき □ ＋ □ ＝ □ 　　　こたえ □ こ

よしきさんの　　おおい　　だいすけさんの
かず　　　　　　ぶん　　　かず

❷ くりひろいを しました。みかさんは 9こ
ひろいました。ゆきさんは みかさんより 3こ
すくなかったそうです。ゆきさんは なんこ
ひろいましたか。 📖教125ページ❸　　　50てん（しき30・こたえ20）

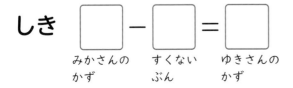

しき □ － □ ＝ □ 　　　こたえ □ こ

みかさんの　　すくない　　ゆきさんの
かず　　　　　ぶん　　　かず

じかん **15**ふん ｜ ごうかく **80**てん ／**100**

がつ　にち

サクッと
こたえ
あわせ

こたえ **96** ページ

㉓ <ruby>大<rt>おお</rt></ruby>きさくらべ(2)

\ もんだいを きちんと よもう！ /

[ひろさを　くらべます。]

1 どちらが　ひろいですか。 📖教126ページ**1**、127ページ**3**　　60てん(1つ30)

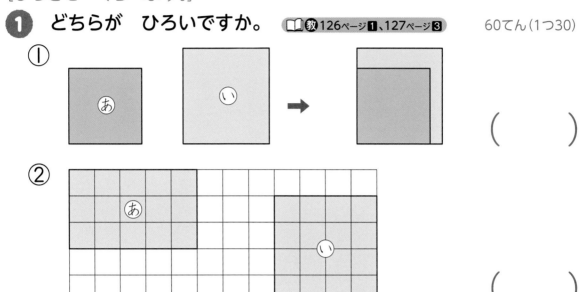

① （　　）

② （　　）

[ぬった　ところの　ひろい　ほうが　かちです。]

2 ばしょとりゲームを　しました。じゃんけんで　かったら、
□を　１つ　ぬります。どちらが　かちましたか。 📖教127ページ**4**

40てん(1つ20)

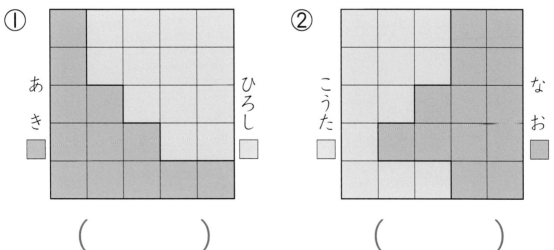

① （　　）　　　② （　　）

たしざん／ひきざん
3つの　かずの　けいさん

1 けいさんを　しましょう。　　　　　　　　80てん（1つ10）

① 6+3　　　　　　② 9+9

③ 8−4　　　　　　④ 14−8

⑤ 3+4+1　　　　　⑥ 8−5−2

⑦ 6+3−4　　　　　⑧ 17−7+2

2 ふたりで　あめを　かいに　いきました。ようこさんは　7こ、
けいこさんは　8こ　かいました。　　　20てん（しき7・こたえ3）

① ふたり　あわせて　なんこ　かいましたか。

しき ☐　　　　こたえ ☐

② ちがいは　なんこですか。

しき ☐　　　　こたえ ☐

じかん 15ふん ｜ ごうかく 80てん ／100 ｜ がつ　にち

サクッと
こたえ
あわせ

こたえ 96 ページ

**おおきさくらべ（1）／かたちづくり
ものと　ひとの　かず**

❶ 下の　えを　見て　こたえましょう。　　30てん（□1つ15）

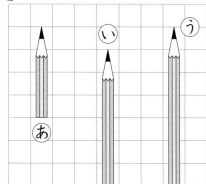

ⓘは　ⓐより　□の

□つぶん　ながく、ⓤより

□つぶん　みじかいです。

❷ 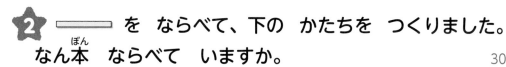 を　ならべて、下の　かたちを　つくりました。
なん本　ならべて　いますか。　　30てん（1つ15）

①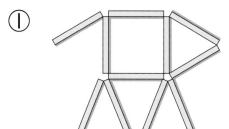

②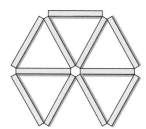

□本

□本

❸ まいさんは、まえから　7ばんめです。まいさんの
まえには　なん人　いますか。　　40てん（しき25・こたえ15）

しき □　　　　　　こたえ □

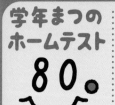
学年まつの
ホームテスト
80。

じかん 15ふん

ごうかく
80てん

／100

がつ　にち

サクッと
こたえ
あわせ
こたえ 96ページ

大きい　かず／100までの　かずの　けいさん

1 いくつ　ありますか。　　　　　　　　10てん（1つ5）

①  が　7つと　／　が　2つ　→　□ 本

② が　10パック　→　□ こ

2 □に　はいる　かずを　かきましょう。　　20てん（□1つ5）

① 50 — 52 — □ — 56 — 58 — □

② □ — 75 — 80 — □ — 90 — 95

3 大きい　ほうの　かずを　かきましょう。　　30てん（1つ10）

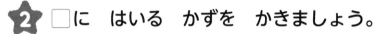
① 74 72　　② 45 55　　③ 100 99

（　　　）　　（　　　）　　（　　　）

4 けいさんを　しましょう。　　　　　　　40てん（1つ10）

① 40+50　　　　　② 80−30

③ 74+5　　　　　④ 68−4

●ドリルやテストがおわったら、うしろの
「がんばりひょう」にシールをはりましょう。
●まちがえたら、かならずやりなおしましょう。
「考え方」もよみなおしましょう。

1. 1 かずと すうじ　1ページ

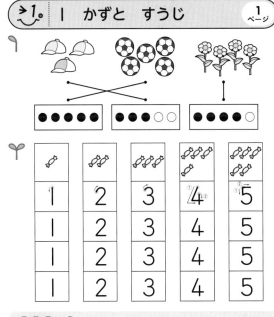

考え方 1から5までの、ものの数を数えて、同じ数の●と対応させます。

2. 1 かずと すうじ　2ページ

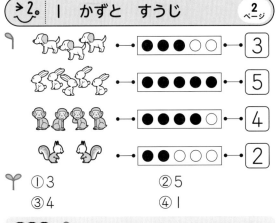

① 3　　　　② 5
③ 4　　　　④ 1

考え方 ものの数を数え、●と対応させ、その数を数字で表せるようにします。
🌱 具体物の個数を数字で表します。数えまちがいのないように気をつけます。

3. 1 かずと すうじ　3ページ

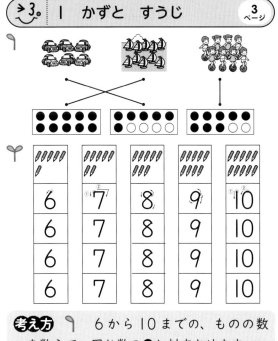

考え方 6から10までの、ものの数を数えて、同じ数の●と対応させます。

4. 1 かずと すうじ　4ページ

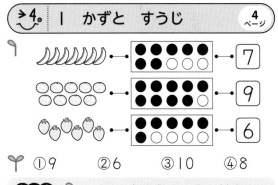

① 9　　② 6　　　③ 10　　④ 8

考え方 ものの数を数え、●と対応させ、その数を数字で表せるようにします。
🌱 ものの数が多くなってきました。2度数えたり、数えもらしたりしないように気をつけます。

😊5. 2 なんばんめ 5ページ

❶ ①2　　　②4　　　③4
❷ ①2　　　②4　　　③3
❸ 6

考え方 ❶ 前後の位置関係を数で表し、前から、後ろからという言葉を使って、表現できるようにします。
❷ 上下の位置関係を数で表し、上から、下からという言葉を使って、表現できるようにします。
❸ 右からと指示された位置を、しっかり確認できるようにします。

😊6. 2 なんばんめ 6ページ

❶ ①4　　　　　　②6
❷ ①まえ □□□□□□□□ うしろ
　②ひだり ○○○○○●○○ みぎ
　③まえ 🐢🐢🐢🐢🐢🐢🐢🐢 うしろ

考え方 ❶ 前から、後ろから〜番目を、数字で正しく表せるようにします。
❷ 前から、後ろからなどの表現に対応して、ものの位置を確認できるようにします。①の「まえから4だい」はものの集まりを表す数で、集合数といいます。一方、②の「ひだりから5こめ」などは、そのものの順番を表す数で、順序数といいます。問題をよく読んで、集合数、順序数のどちらなのかを確認させます。

😊7. 3 いくつと いくつ 7ページ

❶ ①5　　　②4　　　③3
　④2　　　⑤1
❷
❸ ①5　　　　　　②2
　③7　　　　　　④4

考え方（右段）

❶ 6がいくつといくつからできているかを理解させます。
❷ 7がいくつといくつからできているか、数図を使うことで理解させます。
❸ 8の分解を数字で表せるようにします。

😊8. 3 いくつと いくつ 8ページ

❶
❷ ①5　　　②7　　　③1
❸ ①8　　　②4　　　③5
　④7　　　⑤9

考え方 ❶ 9の分解を、色をぬる作業を通して理解できるようにします。
❷ 10の構成の理解は、十進数の理解の基礎として大変重要です。何度も練習させましょう。
❸ 10の分解で、□と□の形式の問題のときに、左右どちらがわからなくても答えられるように学習しましょう。

😊9. 3 いくつと いくつ 9ページ

❶ 0 0 0 0 0
❷ ①2　　　　　　②0
❸ ①4　　　　　　②0

考え方 ❶ 0の書き方に気をつけます。
❷ "0"という数の学習です。0は、何もないことを表す数字です。何もなくても、数字で表せることを理解させます。
❸ かごの中のりんごの数を数え、何もないということが0であることを理解させます。

❶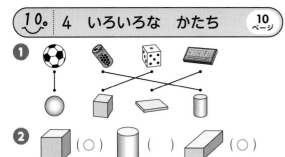

❷ （○） （ ） （○）

❸ （○） （○） （ ）

考え方 ❶ 球、円柱、立方体、直方体の形を、具体的なものと照らし合わせて学習します。
❷ 立体図形の特徴を、経験から予想して答えられるようにします。
❸ 立体図形の特徴を、視覚的に判断できるようにします。

❶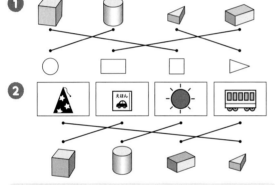

❷

考え方 ❶ うつしたときの図が、積み木を真上から見たときの形であることに気づかせます。
❷ どの積み木をうつすと、どんな形になるかを考えられるようにします。

❶ ●●●●● ⇒ ●●●●● ⇒ ●●●●●
　 ○○○○○　　 ●●○○○　　 ○○○○○
　 4ひき　　　　 7ひき　 のこりは 5ひき

❷ （じゅんに）10、5、8、4

考え方 「ふえる」と「へる」に注意しながら、●やおはじきの数をきちんと数えられるようにします。

❶ ①7　　　　②6

❷ しき ⑤＋③＝⑧　　こたえ ⑧こ

❸ ① しき ④＋2＝6
　　　　　　こたえ ⑥だい
　 ② しき 5＋④＝⑨
　　　　　　こたえ ⑨こ

考え方 ❶ 6、7の数の合成を、具体的なものと照らし合わせて理解させます。
❷ 数の合成をおはじきを通して理解し、式として表す学習の第一歩です。
❸ 数えた数を実際の式にあてはめ、答えを出せるようにします。

❶ しき ③＋⑤＝⑧　　こたえ ⑧ひき

❷ しき ⑤＋④＝⑨　　こたえ ⑨ほん

❸ ①5　　　　②7
　 ③9　　　　④5
　 ⑤10　　　⑥8
　 ⑦8　　　　⑧10

考え方 ❶ 3＋5の計算の考え方を学習します。
❷ 5＋4の計算の考え方を学習します。
❸ たし算の練習です。

❶ しき ③＋4＝⑦
　　　　　　こたえ ⑦こ

❷ しき ④＋6＝⑩
　　　　　　こたえ ⑩にん

❸ しき ④＋2＝⑥
　　　　　　こたえ ⑥ひき

考え方 ❶ 「あわせていくつ」の考え方で、3＋4の式をたて、答えを出せるようにします。
❷ 「ふえるといくつ」の考え方で、4＋6の式をたて、答えを出せるようにします。
❸ ❷と同じ考え方で、4＋2の式をたて、答えを出せるようにします。

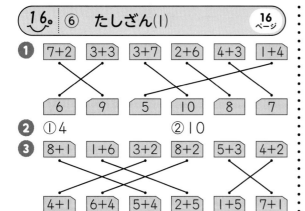

16. ⑥ たしざん(1)　16ページ

❶
| 7+2 | 3+3 | 3+7 | 2+6 | 4+3 | 1+4 |

| 6 | 9 | 5 | 10 | 8 | 7 |

❷ ①4　　②10

❸
| 8+1 | 1+6 | 3+2 | 8+2 | 5+3 | 4+2 |

| 4+1 | 6+4 | 5+4 | 2+5 | 1+5 | 7+1 |

考え方 ❶ それぞれのカードの計算をして、答えのカードと正しく線で結ぶことができるようにします。
❷ たし算の練習です。
❸ それぞれのカードの計算をして、答えが同じカードと線で結ぶことができるようにします。

17. ⑥ たしざん(1)　17ページ

❶ ①　しき 7+2=9
　　　　　　　　　こたえ 9こ
　② しき 3+5=8
　　　　　　　　　こたえ 8だい

❷
| 7+3 | 2+5 | 8+2 | 8+1 | 4+6 |
| (○) | ( ) | (○) | ( ) | (○) |

❸ ①6　　　②9　　　③8
　④6　　　⑤9　　　⑥10

考え方 ❶ 「あわせていくつ」、「ふえるといくつ」という考え方をもとに式を立てられるようにします。
①は「あわせていくつ」の問題です。「あかいあさがお7こ」と「あおいあさがお2こ」をあわせることを読み取らせます。
②は「ふえるといくつ」の問題です。「3だい」から「5だい」ふえることを読み取らせます。

おうちのかたへ ❶ 問題を正しく理解し、たし算の式を導くことができるようになると、文章問題などの応用問題ができるようになります。

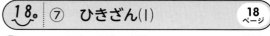

18. ⑦ ひきざん(1)　18ページ

❶ しき 6-4=2　　こたえ 2こ
❷ しき 9-5=4　　こたえ 4わ
❸ ① しき 7-3=4
　　　　　　　　　こたえ 4だい
　② しき 9-6=3
　　　　　　　　　こたえ 3こ

考え方 ❶ 「減る」ということを、ひき算に結びつけて、式を立てられるようにします。
❷ 9-5の式を導き、また計算できるようにします。
❸ 「でていく」、「たべる」という表現から、ひき算を用いて答えを求められるようにします。

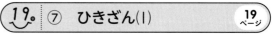

19. ⑦ ひきざん(1)　19ページ

❶ しき 8-3=5　　こたえ 5とう
❷ しき 10-6=4　　こたえ 4まい
❸ ①7　　②4　　③5　　④4
　⑤2　　⑥8　　⑦3　　⑧5

考え方 ❶、❷全体の数からわかっている数をひくことで、わからない数を求めるという考え方ができるようにします。

20. ⑦ ひきざん(1)　20ページ

❶ ⓘ、ⓤ、ⓞ

❷
| 5-1 | 7-5 | 10-3 | 8-5 |

| 7 | 3 | 4 | 2 |

こたえ

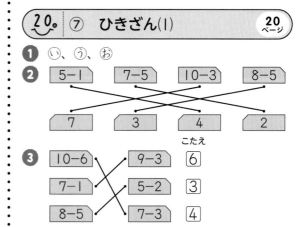

❸
10-6		9-3	6
7-1		5-2	3
8-5		7-3	4

考え方 ❶ それぞれのカードの計算をして、答えが2になるカードを選びます。
❸ それぞれのカードの計算をし、答えが同じカードを線で結び、あわせてその答えも書くという学習です。

84

21. ⑦ ひきざん(1) 〈21ページ〉

❶ しき $6-3=3$ 　　こたえ 3こ
❷ しき $7-5=2$ 　　こたえ 2ほん
❸ ①4　　②2　　③4
　　④1　　⑤3　　⑥6

考え方 ❶ 数の違いを、ひき算を使って求める学習です。一つひとつ対応させて残った数が、違いの数であることに気づかせます。

22. ⑦ ひきざん(1) 〈22ページ〉

❶ しき $7-4=3$ 　　こたえ 3こ
❷ しき $8-6=2$ 　　こたえ 2こ
❸ ① しき $6-3=3$ 　こたえ 3ぼん
　　② しき $10-5=5$ 　こたえ 5こ

考え方 ❶ 異なった色の帽子の数の違いを、式を立てて求められるようにします。
❷ 2種類が混じっている絵から、それぞれの数を数え、式を立てて違いを求められるようにします。

23. ⑦ ひきざん(1) 〈23ページ〉

❶ しき $9-4=5$ 　　こたえ 5こ
❷ しき $7-5=2$ 　　こたえ 2こ
❸ (れい1)
　　さかなが 7ひき、かにが 3びき
　　います。さかなの ほうが 4ひき
　　おおいです。
　(れい2)
　　さかなが 7ひき、かにが 3びき
　　います。ちがいは 4ひき です。

考え方 ❶ 食べるということを理解して、式を立てて、残りの数を求められるようにします。
❷ 多いという点に着目して、式を立てて、違いを求められるようにします。
❸ さかなとかにをそれぞれ正しく数え、どちらがいくつ多いか少ないか、または違いを考えて、お話を作れるようにします。

24. ⑦ ひきざん(1) 〈24ページ〉

❶ ① しき $8-5=3$ 　　こたえ 3まい
　　② しき $5-3=2$ 　　こたえ 2わ
❷ ⑤、②、⑥
❸ ①5　　②1　　③3
　　④2　　⑤3　　⑥8

考え方 ❶ ②文章から、違いはいくつかを判断し、問題に合わせて式を立て、答えを求められるようにします。
❷ それぞれのカードの計算をして、答えが6になるカードを選べるようにします。
　⑤$4-3=1$　　⑥$6-5=1$　　⑦$10-4=6$
　②$8-2=6$　　⑧$5-1=4$　　⑥$7-1=6$

おうちのかたへ ❶ 残りを求めるときも、違いを求めるときも、ひき算を使うことを、しっかりと理解させましょう。

25. ⑧ かずしらべ 〈25ページ〉

❶ ①
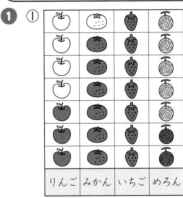

　②いちご　③めろん　④いちご

考え方 ❶ くだものの絵の数をグラフに表すと、数が比べやすくなり、違いがよくわかります。

26. かずと すうじ／なんばんめ いくつと いくつ／いろいろな かたち 〈26ページ〉

⭐ ① $\boxed{5}\boxed{3}$ 　② $\boxed{7}\boxed{4}$ 　③ $\boxed{6}\boxed{9}$
　　(○)( )　　(○)( )　　( )(○)
⭐ ①5
　　②(じゅんに)4、3
⭐ ①2　　②8　　③4　　④10
⭐ ⑤、⑦

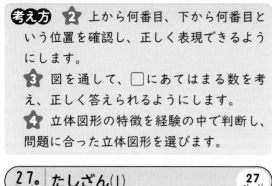

考え方 **2** 上から何番目、下から何番目という位置を確認し、正しく表現できるようにします。

3 図を通して、□にあてはまる数を考え、正しく答えられるようにします。

4 立体図形の特徴を経験の中で判断し、問題に合った立体図形を選びます。

27. たしざん(1) 27ページ

⭐ しき 3＋4＝7

　　　　　　こたえ 7こ

⭐ ①、③

⭐ ①9　　②7　　③8
　　④9　　⑤10　　⑥9

考え方 **1** 問題の文章を理解し、それに合わせて正しく式を立て、答えを求められるようにします。

2 それぞれのカードの計算をして、答えが9になるカードを選べるようにします。

3 たし算の練習です。

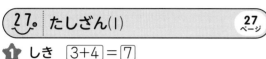

おうちのかたへ 文章問題を解くときは、式を立てて答えを求めることを習慣づけさせます。

28. ひきざん(1) 28ページ

⭐ しき 5－4＝1

　　　　　　こたえ 1だい

⭐ しき 9－4＝5

　　　　　　こたえ 5わ

⭐ ①2　　　　　②5
　　③6　　　　　④3

考え方 **1** バス、電車それぞれを正しく数え、違いを求められるようにします。

2 ひき算の式を立て、答えを求められるようにします。

3 それぞれのカードの計算をして、答えが4になるカードを選べるようにします。

4 ひき算の練習です。

29. ⑨ 10より おおきい かず 29ページ

⭐ ①11　　　　②12
　　③14　　　　④16
　　⑤18　　　　⑥20

⭐ ① 11 13　　　② 15 12
　　　( ) (○)　　　　(○) ( )
　　③ 14 17　　　④ 19 18
　　　( ) (○)　　　　(○) ( )

⭐ ①16　　②15　　③19

考え方 **1** ●の数を数えて、□に10以上の数を数字で正しく書く学習です。

2 数の大きさ比べです。

3 具体的なものの数を、数え方を工夫して、それぞれいくつあるか数える学習です。

30. ⑨ 10より おおきい かず 30ページ

⭐ 16

⭐ 3

⭐ ①15　　②17　　③9
　　④4　　⑤10　　⑥8

⭐ ① 12　② 16　③ 20
　　11と 1　　10と6　　10と10

31. ⑨ 10より おおきい かず 31ページ

⭐ ①13　　②20　　③14

⭐ ① 11 12 13 14 15 16
　　② 18 17 16 15 14

⭐ 0 2 5 7 10 13 15 17 20

考え方 **1** 数直線を見ながら、□にあてはまる数を見つけていきます。

2 数の順列の学習です。数が1ずつ増えたり減ったりする様子を、図の中で理解し、数を書き入れられるようにします。

3 数直線の位置に気をつけて、□に数を書き入れられるようにします。

32。 ⑨ 10より おおきい かず （32ページ）

1 ① しき　10+3=[13]　こたえ　[13]びき
　　② しき　13-3=[10]　こたえ　[10]まい

2 ①12　　　②17　　　③14
　　④20　　　⑤10　　　⑥10
　　⑦10　　　⑧10

考え方 **1** 10と1けたの数のたし算を、絵と文章の中で理解した後、10といくつという構成に着目して、答えを求められるようにします。

33。 ⑨ 10より おおきい かず （33ページ）

1 ① しき　13+5=[18]　こたえ　[18]ほん
　　② しき　16-4=[12]　こたえ　[12]こ

2 ①15　　　②18　　　③18
　　④14　　　⑤11　　　⑥13

考え方 10いくつの数と1けたの数のたし算は、たされる数を10といくつに分けて、一の位の数どうしのたし算を先にします。
10いくつの数と1けたの数のひき算は、ひかれる数を10といくつに分けて、一の位の数どうしのひき算を先にします。

34。 ⑨ 10より おおきい かず （34ページ）

1 ① [11][15]　　　② [17][14]
　　　（　）（○）　　　（○）（　）
　　③ [13][16]　　　④ [19][12]
　　　（　）（○）　　　（○）（　）

2 ① [13][14][15][16][17][18][19][20]
　　② [15][14][13][12][11][10][9][8]

3 ①11　　　②17　　　③19
　　④17　　　⑤10　　　⑥14
　　⑦13　　　⑧12

考え方 **1** 数の大きさ比べです。
2 20までの数がどのように並んでいるかを考えて、数を書き入れられるようにします。②は数が逆に並んでいることに注意させます。
3 10といくつという構成に着目した、たし算とひき算です。

おうちのかたへ 20までの数の大きさ比べや、並び方をしっかりと理解することにより、20以上の数の学習をスムーズに理解できます。

35。 ⑩ なんじ なんじはん （35ページ）

1 ①4じ　　　　　②10じ
　　③7じはん　　　④1じはん

2 ①　　　　　　　　　　②

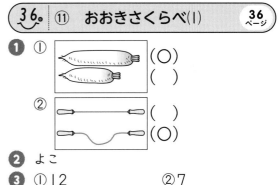

考え方 **1** 何時、何時半を読む練習です。
2 長い針は、12や6をぴったりさすようにかけるようにします。

36。 ⑪ おおきさくらべ(1) （36ページ）

1 ①（○）（　）
　　②（　）（○）

2 よこ

3 ①12　　　　　　　②7
　　③（じゅんに）えんぴつ、くれよん

考え方 2つのものの長さを比べるときは、一方の端をそろえるようにします。また、2つのものを重ねたり、テープなどを使ったりして長さを比べます。
1 ①は、片方の端をそろえた長さ比べです。②は、たるんでいる部分を伸ばすとどうなるかを予想して考えられるようにします。
2 片方の辺を折り曲げて、辺と辺を重ねたときに、余りのある辺のほうが長いことに気づかせます。実際にやってみるとよいでしょう。
3 マス目の数を数えて、それぞれの長さはマス目いくつ分かを求められるようにします。このように、単に見比べるのではなく、マス目の数に置き換えるなどしたほうが正確であることを理解させます。

37. ⑪ おおきさくらべ(1)

❶ あ

❷ う ⇨ あ ⇨ い

❸ い

考え方 ❶ 同じ形の容器に移しかえて、水の高さでかさを比べています。
❷ いろいろな入れ物のかさをコップ何杯分かで比べています。コップを単位にした比較で、コップの数の多いものが、容積が大きいことになります。あはコップで7杯、いはコップで6杯、うはコップで9杯分入ります。

38. ⑫ 3つの かずの けいさん

❶ しき $3+4+3=10$

こたえ 10にん

❷ ●●●●● + ●●●●● + ●●●●●
　 ●●●○○ 　 ○○○○○ 　 ●●○○○

❸ ①6　　　　　②9
　 ③10　　　　④10
　 ⑤16　　　　⑥20

考え方 ❶ 3つの数の計算で、たし算を2回する場合です。絵を見ながらたし算を考えて、□に数を書き入れます。前から順に計算すれば、答えが求められます。
❷ 式に合わせて、数の分だけ色をぬれるようにします。
❸ ①2+3で5、5+1で6。
②2+5で7、7+2で9。
③3+3で6、6+4で10。
④7+2で9、9+1で10。
⑤8+2で10、10+6で16。
⑥6+4で10、10+10で20。

39. ⑫ 3つの かずの けいさん

❶ しき $10-4-2=4$

こたえ 4ほん

❷ しき $14-4-5=5$　こたえ 5ひき

❸ ①1　　　　　②3
　 ③2　　　　　④8
　 ⑤4　　　　　⑥3

考え方 ❶ 3つの数の計算で、ひき算を2回する場合です。数字を□に書き入れて、ひき算の式を立てられるようにします。
❷ 文章をよく読んで、ひき算の式を立てられるようにします。
❸ 前から順にひき算をしていきます。
①7-4で3、3-2で1。
②9-2で7、7-4で3。
③10-2で8、8-6で2。
④18-8で10、10-2で8。
⑤15-5で10、10-6で4。

40. ⑫ 3つの かずの けいさん

❶ しき $8-4+3=7$

こたえ 7まい

❷ しき $8+2-4=6$

こたえ 6ぴき

❸ ①8　　　　②8　　　　③13
　 ④4　　　　⑤12　　　⑥15

考え方 ❶ 3つの数の計算で、ひき算の後にたし算という順序で計算できるようにします。
❷ 3つの数の計算で、たし算の後にひき算という計算です。問題に合わせて順序よく計算できるようにします。
❸ 3つの数の計算で、たし算、ひき算の混じった場合です。

41. ⑬ たしざん(2)

❶ ①2　　　　②2　　　　③2
　 ④13　　　⑤13、こたえ 13わ

❷ ①1　　　　②1　　　　③1
　 ④15　　　⑤15

考え方 ❶ くり上がりのある計算の導入です。文章問題の内容に合わせて、おはじきを使って考えていきます。たす数を分解して、先に10のまとまりを作るという練習をします。
❷ ❶と同じように、問題に合わせて、□にあてはまる数を考えられるようにします。

42. ⑬ たしざん⑵ 42 ページ

❶ ①（じゅんに）3、2 ②10
③（じゅんに）2、12
❷ ①（じゅんに）4、1 ②10
③（じゅんに）1、11
❸ ①14 ②13
③13 ④15
⑤11

考え方 10のまとまりを作って計算します。6、7、8、9があといくつで10になるかを考えられるようにします。

43. ⑬ たしざん⑵ 43 ページ

❶ ①11 ②14
③11 ④13
⑤15 ⑥13
⑦15 ⑧12
❷ しき ｜8+4=12｜
こたえ ｜12｜だい
❸ しき ｜7+6=13｜
こたえ ｜13｜びき

考え方 ❷、❸ 「くると」、「あわせると」から、たし算になります。自分で式が立てられるよう、しっかり練習させましょう。式の書き方と答えの書き方を確認しておきます。

44. ⑬ たしざん⑵ 44 ページ

❶ ①18 ②17
③16 ④14
⑤13 ⑥12
⑦15 ⑧11
❷ しき ｜9+7=16｜
こたえ ｜16｜こ
❸ しき ｜8+7=15｜
こたえ ｜15｜ひき

考え方 くり上がりのあるたし算では、10を作ることがポイントになります。まず9と1、8と2、7と3、6と4の分解が確実にできるようにしておきます。

45. ⑬ たしざん⑵ 45 ページ

❶ ①3 ②6
③（じゅんに）3、13 ④13
❷ しき ｜5+8=13｜ こたえ ｜13｜こ
❸ ①12 ②11
③12 ④14
⑤11 ⑥11

考え方 ❶ たされる数が5以下の、くり上がりのある計算を、問題に沿って、数を分解したり合成したりして答えを求められるようにします。
❷、❸ たす数を分けても、たされる数を分けても10を作ることができます。

46. ⑬ たしざん⑵ 46 ページ

❶
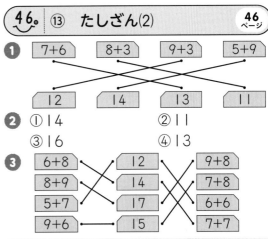

❷ ①14 ②11
③16 ④13
❸

6+8	12	9+8
8+9	14	7+8
5+7	17	6+6
9+6	15	7+7

考え方 ❶ 先に上のカードの計算をし、その答えと同じ数が書いてあるカードを線で結びます。
❷ カードの表に書いてあるたし算を計算し、その裏に答えを書きます。

47. ⑬ たしざん⑵ 47 ページ

❶ しき ｜6+7=13｜ こたえ ｜13 にん｜
❷ しき ｜8+4=12｜ こたえ ｜12 だい｜
❸ ①12 ②18
③12 ④14
⑤16 ⑥12
⑦11 ⑧13

考え方 ❶、❷ くり上がりのあるたし算の文章問題です。式を立てて答えを求められるようにします。

おうちのかたへ くり上がりのあるたし算では、たす数とたされる数で、どちらが10のまとまりを作り易いかを、判断する力が必要になります。たとえば、**3**の①では、8はあと2で10になります。4を2と2に分けて、8に2をたして10、10と2で12とします。③では、3を1と2に分けて考えます。また、10にたりない数を、分解することによって加えるという考え方も大切です。これらの考え方に注意しましょう。

48. ⑭ かたちづくり

❶ ①12　　　　②12
　 ③10　　　　④18

考え方 三角形の組み合わせ方で、いろいろな形を作ることができます。ほかにもいろいろな形を作らせてみましょう。

49. ⑭ かたちづくり
49ページ

❶ ①4　　　②5　　　③5
　 ④14　　　⑤15
❷ ①

　 ②
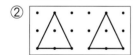
　 ③
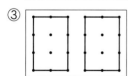
　 ④
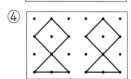

考え方 ❶ 棒を使って、いろいろな形を作ってみます。④、⑤のように、棒の数が多くなるときには、数え間違いのないように、数えた棒に印をつけさせます。
❷ 同じ形であれば、向きが違っていてもよいです。

50. ⑭ かたちづくり
50ページ

❶
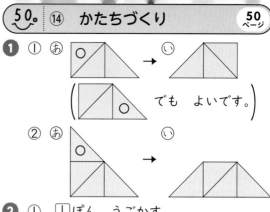

❷ ① 〔1〕ぽん　うごかす
　 ② 〔1〕ぽん　とって
　　　〔1〕ぽん　うごかす

考え方 三角形の色板や棒を使ったり、点を直線でつないだりして、いろいろな形を作ってみます。次に、色板や棒を動かして、もとの形を変えていきます。動かすものを、できるだけ少ない数で考えられるようにします。
❶ 色板を使って実際に動かしてみると、わかりやすいでしょう。
❷ この問題で扱った0、3、9以外の数字も、棒で作らせてみましょう。

51. ⑮ ひきざん⑵
51ページ

❶ ①4
　 ②9
　 ③(じゅんに)4、5
　 ④5、こたえ⑤こ
❷ ①5
　 ②7
　 ③(じゅんに)5、8
　 ④8

考え方 ❶ くり下がりのあるひき算の導入です。具体的に、おはじきを動かして考えます。ひかれる数を10と1けたの数の形に分解してから、ひき算を行うことに気づかせます。
❷ ❶と同じ方法でくり下がりのある15−7の計算の仕方を考えます。

52。 ⑮ ひきざん(2) 52ページ

❶ ①（じゅんに）10、6
　②10
　③（じゅんに）6、9
　④9

❷ しき　13−7=6
　　　　　　　　　　こたえ　6こ

❸ ①6　　　　　　②3
　③6　　　　　　④5
　⑤8　　　　　　⑥8
　⑦5　　　　　　⑧9

考え方 ❶ 16−7の16を、図を通して10と6に分けることを確認してから、くり下がりのあるひき算をさせます。
❷ くり下がりのあるひき算の文章問題です。

53。 ⑮ ひきざん(2) 53ページ

❶ ①（じゅんに）10、2
　②7
　③（じゅんに）2、9
　④9

❷ しき　11−4=7
　　　　　　　　　　こたえ　7こ

❸ ①8　　　　　　②8
　③8　　　　　　④9
　⑤9　　　　　　⑥9
　⑦7　　　　　　⑧7

考え方 ❷ くり下がりのあるひき算の文章問題です。

54。 ⑮ ひきざん(2) 54ページ

❶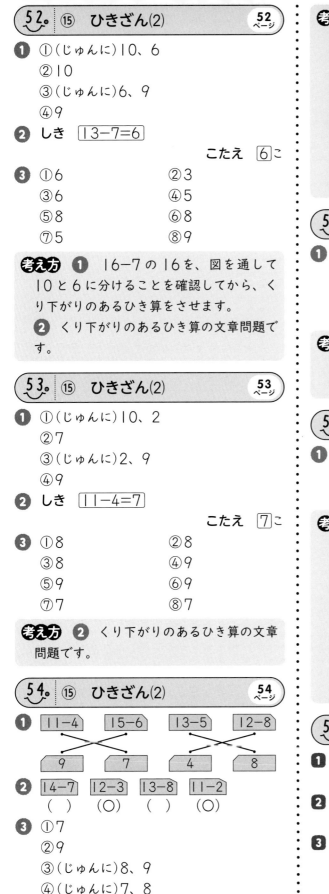

❷ 14−7　12−3　13−8　11−2
　（　）　（○）　（　）　（○）

❸ ①7
　②9
　③（じゅんに）8、9
　④（じゅんに）7、8

考え方 ❶ 上のカードの計算をしてから、答えの書いてある下のカードと線で結べるようにします。
❷ 14−7=7、12−3=9、13−8=5、11−2=9 になります。
❸ ①11−6=5 です。12−□の答えが5になる□は7です。
②14−8=6 です。③14−7=7 です。
④15−6=9 です。

55。 ⑮ ひきざん(2) 55ページ

❶ ①10　　　②6　　　③9
　④8　　　⑤9　　　⑥8
　⑦2　　　⑧7　　　⑨17
　⑩16

考え方 答えが10から17になるたし算や、ひかれる数が11から17のひき算の答えや式を求められるようにします。

56。 ⑮ ひきざん(2) 56ページ

❶ ①あ7　　い5　　う12
　②あ13　　い6　　う7
　③あ11　　い4　　う7　　え14

考え方 これまでは、たし算・ひき算についての文章問題を読んで、立式して答えを求めていました。ここでは、逆にたし算やひき算の問題を作ります。学習してきたたし算、ひき算になるキーワードをきちんと使って、紙芝居のためのお話を作ります。3つの数の計算では、たし算とひき算の順序をよく考えて紙芝居ができるようにしましょう。

57。 ⑮ ひきざん(2) 57ページ

❶ しき　16−9=7
　　　　　　　　　　こたえ　7ほん

❷ しき　14−5=9
　　　　　　　　　　こたえ　9わ

❸ ①2　　　②6　　　③8
　④7　　　⑤9　　　⑥8
　⑦9　　　⑧8

考え方 **1** 数が減る場合の、くり下がりのあるひき算の文章問題です。
2 数の違いを求める場合の、くり下がりのあるひき算の文章問題です。
3 ひかれる数を分解してから計算する、くり下がりのあるひき算です。

おうちのかたへ **3** たとえば、④は14を10と4に分け、10から7をひいて3、3と4で7と計算します。また、7を4と3に分け、14から4をひいて10、10から3をひいて7と計算することもできます。このように、くり下がりのあるひき算の計算の方法を2種類学習しましたが、どちらの方法で計算してもかまいません。自分に合った方法で、工夫して計算する力を身につけさせましょう。

58。 ⑯ 0の たしざんと ひきざん 58ページ

1 ① しき 3+④=⑦
こたえ ⑦まい

② しき ⓪+5=⑤
こたえ ⑤まい

③ しき 4+⓪=④
こたえ ④まい

2 ①2 ②0
③4 ④10

考え方 **1** ②、③では、カードを1枚も取れなかったことを0という数で表し、0をたしても数は変わらないことを、図やカードの合計の数で確認させます。
2 0の入ったたし算です。

59。 ⑯ 0の たしざんと ひきざん 59ページ

1 ① しき ④-0=④
こたえ ④ほん

② しき 5-②=③
こたえ ③ぼん

③ しき ③-3=⓪
こたえ ⓪ほん

2 ①0 ②0
③6 ④10

考え方 **1** 違いを求める問題です。0をひいても答えは変わらないことの学習と、3-3のように、同じ数どうしでひき算をすると答えが0になることに気づかせる学習です。

60。 ⑰ ものと ひとの かず 60ページ

1 しき ⑮-⑧=⑦
こたえ ⑦こ

2 しき ⑭-⑨=⑤
こたえ ⑤だい

3 しき ⑥+8=⑭
こたえ ⑭にん

考え方 **1**、**2** ものと人の数を対応させる学習です。ここでは、全体の数から必要な数をひいた残りの数を求められるようにします。

61。 ⑰ ものと ひとの かず 61ページ

1 しき ⑥+1=⑦ こたえ ⑦にんめ
2 しき ⑨-①=⑧ こたえ ⑧にん
3 しき ④+8=⑫ こたえ ⑫ひき

考え方 **1** 人と順序や数を対応させる学習です。ここでは、前にいる人数に1をたすことで、何人目になるかを求められるようにします。また、指示された位置を図でしっかり確認させます。その後の順番においても、図をよく見て、印をつけて考えられるようにします。
2 何人目とわかっているときに、1をひくことで、前にいる人数を求めます。
3 簡単な図をかいて考えさせましょう。

たま

62。 わくわく ぷろぐらみんぐ 62ページ

1 ① ぼうし(🧢)
②ⓐ みぎに すすむ
ⓘ うえに すすむ
(ⓐ、ⓘは逆でもよいです。)

考え方 指示された位置を図で確認させます。

92

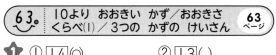

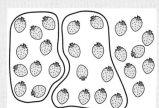

63

63。 10より おおきい かず／おおきさ くらべ(1)／3つの かずの けいさん **63ページ**

⭐1 ①14(○)　②13( )
　　11( )　　15(○)
③18( )　④17(○)
　　20(○)　　16( )

⭐2 よこの ほうが □の 2つぶん ながい。

⭐3 しき 8−5+4=7
こたえ 7にん

⭐4 ①18　②5
③6　④3

考え方 ⭐2 一方の辺を折り曲げて、辺を重ね合わせたときに、余りのある辺のほうが長いことに気づかせます。
⭐3 3つの数の計算で、初めに減って次に増える、増減のある計算です。問題の内容をよく読んで式を立てられるようにします。
⭐4 3つの数の計算です。前から順に計算することに注意させます。

おうちのかたへ 3つの数のたし算やひき算における計算の仕方として、たとえば、⭐4③は10−8=2、2+4=6のように、2つの式に分けて考えてもかまいません。

64。 たしざん(2)／かたちづくり／ひきざん(2)／0の たしざんと ひきざん／ものと ひとの かず **64ページ**

⭐1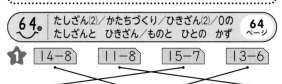

⭐2 ①3まい　②4まい

⭐3 しき 8−1=7
こたえ 7にん

⭐4 ①16　②14
③12　④11
⑤9　⑥0

考え方 ⭐1 上下のカードをそれぞれ計算し、答えが同じになるカードを線で結びます。
⭐2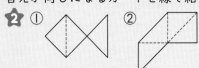

⭐3 はるかさんを除くので、1をひくことで求められます。

おうちのかたへ ⭐2 図の中に色板が何枚並ぶかを、線を引いて数えさせます。

65。 ⑱ 大きい かず **65ページ**

❶ (じゅんに)2、8
❷ (じゅんに)6、4

考え方 ❶ まず、10個ずつ線で囲み、10のまとまりの数とばらの数を数えさせます。それを棒の10の束の数とばらの数とで確認させます。
❷ ❶は、20いくつを扱いましたが、❷は、50以上のものの数です。同じように、10の束の数とばらの数を調べさせます。

66。 ⑱ 大きい かず **66ページ**

❶ ①34　②40
❷ ①68　②80
③53　④78
⑤90　⑥7
⑦(じゅんに)4、9

考え方 ❶ 10のまとまりの数を十の位に、残りの数を一の位に対応させて、全体の個数を求められるようにします。
❷ 十の位、一の位の数から全体の数を求めます。また、全体の数が、十の位、一の位がそれぞれいくつからできているかを考えさせます。

67。 ⑱ 大きい かず **67ページ**

❶ 100
❷ ①30　②80
③59　④99
⑤35　⑥84

考え方 ❶ 10が10こで100になることを、理解させます。
❷ 数直線を思い浮かべ、1大きい数は次の数、1小さい数は1つ前の数と考えます。

68. ⑱ 大きい かず

68ページ

❶ ゆたか 「76」てん　まい 「92」てん

❷ ① 「68」「58」 ② 「95」「98」 ③ 「73」「82」
　（○）（　）　（　）（○）　（　）（○）

❸ ①「75」―「76」―「77」―「78」―「79」―「80」―「81」
　②「30」―「40」―「50」―「60」―「70」―「80」―「90」
　③「70」―「75」―「80」―「85」―「90」―「95」―「100」

❹ ①20　　　　　②3

考え方 ❶ 10点、1点、0点のボールの数を、それぞれ正しく数え、合計何点かを調べられるようにします。「ゆたか」は、10点が7こと、1点が6こです。「まい」は、10点が9こと、1点が2こです。
❷ 100までの数の大きさ比べです。①、③は十の位が違うので、まず十の位の数を比較します。②は十の位が同じなので、一の位の数を比較します。
❸ 数の順列です。①は1ずつ増えていき、②は10ずつ増えていることに気づかせます。③は頭の中で数直線を思い浮かべながら、5ずつ増えていることに気づかせます。

69. ⑱ 大きい かず
69ページ

❶ ①（じゅんに）2、6
　②（じゅんに）2、1　　③5
❷ ①（じゅんに）1、1、3
　②（じゅんに）5、8

考え方 実際の買い物をイメージし、硬貨で26円と58円を作ります。いくつかの場合が考えられることに気づかせます。

70. ⑱ 大きい かず
70ページ

❶ ① 「104」本　　② 「115」本
❷ 「120」まい
❸ 「98」―「99」―「100」―「101」―「102」
❹
　105円　　88円　　120円　　95円
　（　）　　（○）　　（　）　　（○）
❺ ①103　　　　②116

考え方 ❶、❷ 100より大きい数は100といくつで考えられるようにします。
❶ ①10のまとまりが10あります。10が10こで100。1が4つで4。100と4で104。
②10が10こで100。100と15で115。
❷ 10が10こで100。100と20で120。
❸ 100より大きい数のうち、120くらいまでの数の順序をしっかり覚えさせます。小さい順でも大きい順でも言えるようにしておきましょう。
❹ 100円で買えるものは、100円より安いものであることをわかるようにします。ここでは、100より大きい数に関心をもたせるとともに、身近なものの値段などを読めるようにすることが目的です。
❺ 数直線の1目もりがいくつを表しているかを読み取れるようにします。

71. ⑱ 大きい かず
71ページ

❶ ① 「56」本　　② 「110」まい
❷ ①39　　　　②（じゅんに）6、4
　③60　　　　④72
　⑤4　　　　⑥30
❸ ① 「93」「88」　② 「111」「115」
　（○）（　）　　（　）（○）

考え方 ❶ 絵を見て、10のまとまりの数とばらの数を正しく数え、全部でいくつあるかを調べられるようにします。
①10が5つと1が6つで56になります。
②10が10こで100。100と10で110。
❷ 十の位、一の位から全体の数字を求めたり、10や1のまとまりがいくつと数を分解したりする学習のまとめです。
❸ 100までの数を含め、120までの数の大小の比較ができるようにします。

おうちのかたへ 大きい数の順序、構成をきちんと整理しておきます。数が大きいので、あせらずに取り組ませましょう。

72. ⑲ なんじなんぷん
72 ページ

❶ ①8じ30ぷん（8じはん）
　②2じ5ふん　　　③12じ40ぷん
　④5じ15ふん　　　⑤7じ35ふん
　⑥1じ43ぷん

❷ ①　　②
　③　　④

考え方 ❶ これまでの、何時、何時半の読み方から進んで、何時何分の時刻が読めるようにします。5分単位だけではなく、⑥のような時刻も読めるようにします。そのためには、時計の小さい1目もりが1分を表していることに、早く慣れさせます。
❷ 長い針をかいて、時刻を表します。長い針が小さい目もりを正確にさすようにかかせます。

73. ⑳ おなじ かずずつ
73 ページ

❶ 2＋2＋2＋2＝8　こたえ　2こ
❷ 5人
❸ ①4まい　　　　　②2まい

考え方 ❶ まず、4つの同じ数のたし算をします。この計算は、1つ分の数が2こで、4つ分あると考えます。
❷ おにぎりを2個ずつ○で囲ませます。その囲みの数で、分けられる人数を求めます。人数がわかったら、2＋2＋2＋2＋2のたし算の答えが10になるかどうかも確認するようにします。

74. ㉑ 100までの かずの けいさん
74 ページ

❶ しき 50＋20＝70 こたえ 70まい
❷ しき 29－9＝20 　　こたえ 20こ
❸ ①80　　　②100　　　③46
　④23　　　⑤85　　　⑥94
❹ ①30　　　②80　　　③30
　④40　　　⑤70　　　⑥80

考え方 ❶ （何十）と（何十）のたし算です。10のまとまりで考えると、5＋2＝7から70だとわかります。
❸、❹ （何十いくつ）と（いくつ）のたし算とひき算です。一の位の数どうしを計算できるようにします。

75. ㉑ 100までの かずの けいさん
75 ページ

❶ しき 32＋6＝38
　　　　　　　　こたえ　38ひき
❷ しき 39－4＝35
　　　　　　　　　こたえ　35わ
❸ ①48　　　②27　　　③88
　④99　　　⑤69　　　⑥79
　⑦34　　　⑧26　　　⑨72
　⑩85　　　⑪52　　　⑫92

考え方 ❸ （何十いくつ）と（いくつ）のたし算とひき算です。一の位の数どうしを計算できるようにします。

76. ㉒ おおい ほう すくない ほう
76 ページ

❶ しき 6＋2＝8　　こたえ 8こ
❷ しき 9－3＝6　　こたえ 6こ

考え方 このような問題では、どちらが多いのか、またはどちらが少ないのか、混乱することがあります。そのため、問題内容を自分なりに図に表すようにします。その図を見て、たし算になるのか、ひき算になるのかを理解させます。
❶ ～よりなんこ多いという場合、多い分を比べる数にたすことで、必要な数を求められます。問題文が長いので、まず「分かっていること」と「たずねられていること」を整理させます。次に、「よしきさん」と「だいすけさん」という2つの量の関係を考えます。問題文をもとに、図のような関係を視覚的にとらえさせることが大切です。
❷ ～よりなんこ少ないという場合、少ない分を比べる数からひくことで、必要な数を求められます。

77. ㉓ 大きさくらべ(2)　77ページ

❶ ①い　　　　②い
❷ ① ひろし　　② なお

考え方 ❶ 広さ比べです。①のように重ね合わせることによって比べられるようにします。②では、□の数を数えて比べられるようにします。□でいくつ分違うかもわかります。

❷ 場所取りゲームで、場所が広いかせまいかの考え方を理解させます。ゲームで2人が取った□がそれぞれいくつあるかで、広さを比べることができます。□の数の多いほうが勝ちです。

おうちのかたへ ❷ このような「場所取りゲーム」では、マスのぬり方によって、広がりがある形のほうが広く感じられたりするなど、広さの判断をしかねることがあります。ここでは、「広さ」はマスの数によって決まることに気づかせることが大切です。

78. たしざん／ひきざん／3つの かずの けいさん　78ページ

⭐ ①9　　　　②18
　③4　　　　④6
　⑤8　　　　⑥1
　⑦5　　　　⑧12
⭐ ① しき 7+8=15　　こたえ 15こ
　② しき 8-7=1　　こたえ 1こ

考え方 ⭐ ⑤～⑧ は、3つの数の2回のたし算、2回のひき算、たし算・ひき算の混合計算です。前から順に計算します。
⑤3+4 で 7、7+1 で 8。
⑥8-5 で 3、3-2 で 1。
⑦6+3 で 9、9-4 で 5。
⑧17-7 で 10、10+2 で 12。

おうちのかたへ これまで学習してきた、たし算・ひき算の問題を取り上げています。たし算・ひき算は大切なので、間違えたところがあれば、理解できるように、きほんのドリルをふくめてもう一度復習しましょう。

79. おおきさくらべ(1)／かたちづくり ものと ひとの かず　79ページ

⭐ (じゅんに)2、1
⭐ ①11本
　②11本
⭐ しき 7-1=6　　こたえ 6人

考え方 ⭐ 3本の鉛筆の長さを、マス目の数を正しく数えることで比べられるようにします。

⭐ 前から～番目とわかっているとき、1をひくことで、前にいる人数を求められることをきちんと理解させます。簡単な図もかかせてみましょう。

80. 大きい かず／100までの かずの けいさん　80ページ

⭐ ①72本
　②100こ
⭐ ①(じゅんに)54、60
　②(じゅんに)70、85
⭐ ①74　　②55　　③100
⭐ ①90　　　　②50
　③79　　　　④64

考え方 ⭐ ①は2つずつ、②は5つずつ大きくなっていることに注意させます。

⭐ ①は十の位が同じです。一の位で比べます。②は十の位で比べられます。

⭐ ①10が4+5で9なので、90になります。
②10が8-3で5なので、50になります。
③74は70と4、4+5=9なので、79になります。
④68は60と8、8-4=4なので、64になります。

おうちのかたへ 大きな数の総復習です。数の数え方や構成をもう一度、ここでしっかり確認します。10の集まりは十の位にあたり、ばらは一の位にあたることをきちんと理解させておきます。